차이나 핀테크

차이나 핀테크

발행일 ; 제1판 제1쇄 2018년 2월 20일 제1판 제3쇄 2021년 9월 30일
지은이 ; 구자근 발행인·편집인 ; 이연대
편집 ; 허설 제작 ; 강민기
디자인 ; 유덕규 지원 ; 유지혜 고문 ; 손현우
펴낸곳 ; ㈜스리체어스 _ 서울시 중구 삼일대로 343 9층
전화 ; 02 396 6266 팩스 ; 070 8627 6266
이메일 ; hello@bookjournalism.com
홈페이지 ; www.bookjournalism.com
출판등록 ; 2014년 6월 25일 제300 2014 81호
ISBN ; 979 11 86984 28 4 03300

BOOK
JOURNALISM

차이나 핀테크

구자근

: 중국 핀테크 기업의 성공은 경제·사회 전반의 요소가 인터넷 플랫폼을 통해 융합하여 최적화된 서비스를 만들었기에 가능했다. 중국 핀테크 금융 생태계는 기업, 개인, 공동체 등 사회 주체를 모두 연결하고 있다. 중국 핀테크는 금융 당국의 제도, 혁신적인 기술로 시장을 이끈 기업, 변화에 민첩하게 반응한 소비자들이 함께 만들어 낸 창신의 결정체다.

차례

2008년 글로벌 금융 위기 이후 기존 금융권의 도덕적 해이에 대한 실망과 새로운 금융 서비스를 기대하는 소비자 니즈needs 가 커지면서 핀테크 시장은 빠르게 성장했다. 2010년 미국 실리콘밸리를 중심으로 시작된 핀테크 산업 투자는 금융 선진국인 미국과 영국이 주도해 오다가 최근 급성장한 중국이 가세해 3국 경쟁 체제로 재편됐다. 2016년 핀테크 산업 투자액은 5년 전에 비해 10배 이상 증가해 130억 달러를 상회했다.[1] 2017년 세계 핀테크 시장 규모는 800조 원으로 추정된다.[2]

미국은 기술 혁신을 통해 세계 최대의 핀테크 허브hub로 부상했다. 전 세계 핀테크 스타트업 투자금의 절반 이상이 미국으로 흘러 들어간다. 미국은 클라우드 컴퓨팅, 빅데이터 분석, 인공 지능 등 거의 모든 영역에서 핀테크 기술 개발의 선두에 서 있다. 특히 세계 최고 수준의 창업 인프라를 갖춘 실리콘밸리는 혁신적 기술 스타트업의 성지로 꼽힌다. 소상공인을 위한 오프라인 모바일 결제 스타트업 스퀘어Square, 전자상거래에 적합한 모바일 결제 스타트업 스트라이프Stripe 등 세계적인 O2OOnline to Offline 지급 결제 플랫폼이 여기서 탄생했다. 지급 결제 외에도 P2PPeer to Peer 대출, 투자 및 자산 관리, 금융 정보 분석, 금융 보안 등 핀테크 전 분야의 선도 기업들이 포진해 있다.

영국은 글로벌 금융 중심지인 런던에 '핀테크 클러스터

레벨 39Fintech Cluster Level 39'를 조성하고, 런던 동쪽의 테크시티를 스타트업 중심지로 육성했다. 영국의 금융 인프라와 ICT 환경을 기반으로, 바클레이즈Barclays, 로이드뱅크Lloyds Bank 등 공신력 있는 글로벌 금융 기관과 정부가 협력해 핀테크 산업을 발전시켰다. 글로벌 금융 센터로서 런던이 지닌 위상을 강화하기 위한 전략이었다.

한편 중국은 정부 주도로 온라인 소비 정책을 펼쳐 모바일 금융 시장을 급성장시켰다. 정부 차원에서 알리바바Alibaba, 텐센트Tencent 등 ICT 기업을 지원하면서 이들의 핀테크 기술을 활용해 금융 서비스 경쟁력을 높여 나가고 있다. 정부가 주도하는 금융 혁신은 낮은 신용 카드 보급률과 그림자 금융 대출 시장 등 낙후된 금융 서비스 전반을 한 번에 해결하는 효과를 낳았다.

글로벌 컨설팅 그룹 EYErnst&Young의 '핀테크 도입 지수 2017'에 따르면 모바일 결제 시장을 중심으로 한 중국의 핀테크 도입률은 69퍼센트로 아시아 최고 수준이다. 2016년 중국 모바일 결제 시장 규모는 58조 8000억 위안(9957조 원)[3]으로 미국(126조 원)[4]의 80배에 달한다. 중국의 대표적인 모바일 결제 업체 알리페이Alipay의 일평균 거래 건수는 1억 5300만 건으로 페이팔Paypal의 10배 수준이다.[5] 총 가입자 수도 중국의 막대한 인구 덕분에 8억 명 이상으로 추산되는데 페이팔의 4배를 넘는다.[6] 알리페이의 모기업인 앤트파이낸셜蚂蚁金服은 2016년 글로벌 컨설팅서비스 업체 KPMG와 호주 핀테크 벤처투자기관 H2벤처스에서 발표한 세계 100대 핀테크 기업 순위에서 1위를 차지했다.

P2P 대출 시장에서도 중국의 약진이 눈에 띈다. 중국 P2P 대출 거래 규모가 2013년 156억 달러에서 2016년 3044억 달러로 3년 만에 18배 넘게 성장했고[7], P2P 플랫폼 기업도 같은 기간 800개에서 2448개로 3배 이상 증가했다. 민간 금융인 핀테크가 기존 금융권이 독점하던 대출 시장의 대안을 넘어 주류로 등극했다고 해도 과언이 아니다.

핀테크가 단기간에 중국 금융 시장에 안착할 수 있었던 데에는 몇 가지 이유가 있다. 먼저 중국은 낙후된 금융 인프라로 인해 신용 사회로의 전환이 더뎠다. 중국 금융권은 신용 정보가 부족한 상황에서 리스크를 감수하기 어려웠다. 신용 카드가 대중화되지 않았기 때문에 현금보다 편리하게 쓸 수 있는 모바일 결제가 금융 소비자들을 빠르게 흡수할 수 있었다. 모바일 결제는 핀테크 발전의 시작을 알리는 신호탄이었다.

중국의 무현금 사회를 앞당긴 모바일 결제는 신용 사회 구축의 토대가 되었다. 대부분의 금융 거래가 모바일로 이뤄졌고 누적된 결제 정보는 신용 점수에 활용됐다. 신용 정보를 빠르게 수집한 중국의 핀테크 산업은 P2P 대출, 무담보 신용 대출, 크라우드 펀딩crowd funding, 모바일 재테크 상품까지 기존 금융의 모든 영역을 잠식해 나갔다. 신용 관리라는 개념마저 희박했던 중국인들은 순식간에 핀테크 기반 신용 사회로 빨려 들어갔다. 중국인에게 핀테크는 이미 보편적인 금융 거래 수단이다. 가히 '퀀텀 점프'라고 할 만한 변화다.

핀테크를 육성하겠다는 금융 당국의 의지도 핀테크 산업 급성장의 중요한 배경이 되었다. 오랜 기간 유지되어 온 금융업 진입 규제들을 제거함으로써 산업 자본인 핀테크 기업들이 자유롭게 판을 짤 수 있었다. 2010년 제정된 '비금융 기관 지급 서비스 관리 방법 실시 세칙'은 금융업에 한하여 허용했던 지급 결제 업무를 비금융 기관도 할 수 있도록 했다. 이후 펀드 운용과 인터넷 전문 은행 설립 등 금융 업무 전반을 비금융 기관에 허가해 새로운 플레이어의 시장 진입을 지속적으로 유도했다.

중국의 규제 완화는 핀테크 원년으로 알려진 2013년부터 폭발적인 결과를 내기 시작했다. 이때부터 P2P 대출이 급증했고, 고도화된 크라우드 펀딩 플랫폼으로 시장이 더욱 확대됐다. 온라인 전용 보험 회사와 증권 회사가 최초로 설립됐고, 알리바바의 위어바오余额宝, 텐센트의 리차이퉁理财通, 바이두Baidu의 바이주안百赚 등 온라인 전용 펀드 직접 판매 채널이 개설됐다. 여기에 텐센트의 위뱅크Webank와 알리바바의 마이뱅크Mybank 같은 인터넷 전문 은행까지 설립되면서 핀테크는 온라인 금융 거래의 연결 통로를 넘어 창구 없는 금융 서비스 자체를 의미하는 수준으로 도약할 수 있었다. 온라인 전용 서비스 출시로 기존 금융 기관의 거의 모든 업무를 온라인에서 해결할 수 있게 된 것이다.

중국은 핀테크를 육성해 낙후된 금융 시스템을 개선하고자 했다. 나아가 국유 은행이 관치금융의 보호막 아래 대형 기업 담보 대출에만 매달리는 관행을 개선하기 위해 대대적인 금융 개혁을 실시했다.

중국 당국의 개혁 의지가 금융 공급자를 핀테크 금융 혁신의 길로 밀어 넣었다면, 금융 소외 계층을 포용하는 신기술은 중국 국민을 끌어당겼다. 중국의 핀테크 재테크 상품은 단돈 1위안만으로도 가입이 가능하다. P2P 대출 및 무담보 신용 대출은 은행에는 얼씬도 하지 못하던 중소상공인이나 소외 계층의 자금줄이 되었다. 중국의 핀테크는 단순히 한 산업 분야가 부흥한 수준을 넘어섰다. 중국 사회 전체가 신용 사회로 퀀텀 점프한 강력한 배경이다.

1 필요한 것은 은행이 아니라 금융 서비스다

언번들링 핀테크

경영학에서 '언번들링unbundling'은 IT 발전이 기존 산업을 해체하는 현상을 뜻한다. 몇 개의 개별 상품을 묶어 하나의 상품으로 판매하는 전략인 '번들링bundling'에서 유래했다. IT 발전과 모바일 보급은 기존 산업을 새로운 형태의 서비스로 만들어 냈다. 책과 신문처럼 물리적 매체를 통해 전달되던 정보는 이제 인터넷과 모바일을 통해 전달되고, 카세트테이프나 시디를 통해 듣던 음악은 데이터 스트리밍을 통해 들을 수 있다. 이 과정에서 우리는 물리적 시공간의 해체를 경험한다. 언제 어디서든 원하는 뉴스를 골라 보고, 원하는 음악을 골라 들을 수 있다. SNS를 통한 실시간 공유도 가능하다. 아날로그 신호가 데이터화되었기에 가능한 일이다.

정보 통신 기술information communication technology[8] 도입 초기, 핀테크는 온·오프라인 결제 서비스와 금융 기관의 온라인 뱅킹을 지원하는 정도에 그쳤지만 점차 기존 금융 시장의 영역을 잠식해 현재는 예금, 대출, 투자 등 순수 금융 서비스의 거의 모든 영역에 적용된다. 기존 금융 서비스의 가치 사슬value chain 내에서 단순히 효율만 증가시킨 전자 금융 서비스보다 진일보한 개념이다.

언번들링 현상은 금융업에도 적용되었다. 4차 산업혁명 시대의 핀테크는 데이터를 중심으로 금융의 네트워크화를 실현해 기존 금융 산업을 해체시켰다. 데이터에는 모바일 송금·결제와 같은 금융 영역부터 SNS 활동, 포털 사이트 검색 내역 등 수많은 디지털 흔적들이 포함되어 있다. 핀테크 시장 참여자들과 데이터들이 유기적으로 연결된 금융의 네트워크화가 실현될 때, 핀테크는 기존 금융의 독점적 지위를 해체할 만한 파괴적 혁신disruptive innovation을 발휘한다.

기존 금융 산업이 가지고 있던 보안 문제가 대표적인 예다. 개인 계좌를 개설할 때 은행은 비밀번호를 포함한 개인 정보를 제출받는다. 재산 보호 업무가 한 곳에 집중되는 것은 위험하다. 극히 낮은 확률일지라도 사고가 발생하면 피해가 크다. 보안 업계에서도 정보 분산이 보안의 기본 원칙이라는 점에는 이견이 없다.

하지만 금융 네트워크화가 실현된다면 다르다. 블록체인 기술이 활용되면 가상화폐의 거래 기록을 동시 접속된 모든 서버에 저장시키는 분산 원장 기술로 위조와 해킹을 막을 수 있다. 지문, 안면, 심지어 손바닥 정맥까지 데이터로 기록하는 생체인식 기술은 비밀번호·보안카드 분실, 도용의 위험성이 없을 뿐만 아니라 신체 일부를 이용한다는 점에서 편리하다. 금융 거래 접근 시 도입되는 생체인식 기술은 해킹이나 개인 정보 유출 위험에 대응하기 위한 차세대 핀테크 보안 기술로 주목받고 있다. 중국의 대표적 모바일 결제 플랫폼인 알리페이는 2015년 비밀번호 재설정을 위한 본인 확인 수단으로 안면 인식을 도입했고, 2016년에는 결제 시 본인 확인 수단으로까지 확장했다. 알리페이의 안면 인식 기술 정확도는 99.6퍼센트에 달하는 것으로 알려져 있다.

기존 금융권의 전유물이었던 신용 평가 영역도 해체되고 있다. 핀테크는 온라인에 축적된 개인의 전자상거래 정보를 종합·분석해 신용 평가와 맞춤형 소액 대출을 시행한다. 개인 자산 관리 영역에서는 개별 고객의 빅데이터를 기반으로 최적화된 투자 포트폴리오를 제시한다. 자금이 필요한 창업가는 은행을 찾지 않고도 핀테크가 제공하는 중개 플랫폼에서 투자자를 찾을 수 있다.

핀테크는 축적된 데이터를 보관하고 활용하는 IT 영역을 핵심 가치로 금융 네트워크를 구축했다. 전자 결제, 송금, 대출, 개인 자산 관리, 크라우드 펀딩 등 금융 서비스를 인터넷·모바일을 통해 더 효율적으로 더 안전하게 제공한다.

여기서 주목할 점은 데이터 축적과 연결을 통한 금융 서비스가 다양한 경제 주체들의 참여로 이뤄진다는 것이다. 대출자는 연결된 네트워크를 통해 쌓은 금융 거래 데이터로 신용의 가치를 제시하고, 투자자는 금융 네트워크가 만든 시장 이자율에 맞춰 투자할 수 있다. 기존 금융 기관의 독점적 권력이 절대 다수의 네트워크로 해체되는 가운데, 핀테크가 금

융 산업의 패러다임을 완전히 변화시키며 금융 경제의 민주
화 시대를 열고 있다.

핀테크의 종류와 특징

핀테크 금융 서비스를 구분하는 세계 공통의 기준은 없다. 일
반적으로 영국 투자 무역청UK Trade&Investment이 제시한 분류 기
준을 널리 사용하는데, 이 기준에 따르면 핀테크 사업 영역은
지급 결제Payment, 금융 데이터 분석Data and Analytics, 금융 소프
트웨어Financial Software, 플랫폼Platform Service 네 가지로 분류된다.

　　지급 결제는 거래 당사자 간의 직접 송금 또는 간편 결
제를 제공하는 금융 서비스로, 기존 금융권의 중앙 집중식 중
개 없이 인터넷·모바일 네트워크를 통해 이뤄진다. 소비자는
가상 계좌, 신용 카드 등 결제 정보를 한 번만 등록하면 QR코
드 스캔, 간편 비밀번호 입력, 생체인식 인증 등 다양한 수단
으로 언제든 간편하게 결제를 마칠 수 있다. 핀테크 지급 결제
시장은 이용자 편의성과 저렴한 수수료를 지렛대 삼아 순수
금융 서비스 가운데 가장 빠르게 확산됐다.

　　글로벌 지급 결제 분야는 금융 OTTOver The Top가 주류를
이루고 있다. 금융 OTT는 방대한 사용자를 둔 인터넷 기반 플
랫폼으로, 통신업·금융업·콘텐츠업 위에서 주도적인 역할을
하는 핀테크 사업자를 말한다. 미국의 페이팔은 이베이ebay, 중

국의 알리페이는 알리바바라는 전자상거래 플랫폼에 기반을 두었으며, 위챗페이Wechatpay는 대다수 중국인이 사용하는 메신저 플랫폼인 위챗에서 비롯됐다.

초기에 온라인에만 머물렀던 지급 결제 서비스는 온라인과 오프라인을 연결하는 O2O 개념이 등장하며 확장되고 있다. 예약과 결제를 모바일로 진행한 후 실제 서비스는 오프라인에서 받을 수 있는 영역이 늘어나는 것이 좋은 예다. 스마트 모바일이 온라인 쇼핑을 다시 밖으로 꺼내 온 것이다.

지급 결제 분야는 온라인 채널을 통한 금융 거래와 모바일 트래픽의 급증으로 핀테크 산업 발전의 토대가 됐다. 미국의 정보 통신 회사 시스코Cisco는 2019년 글로벌 모바일 트래픽이 24.3엑사바이트Exabyte에 달할 것이라 전망한다. 1엑사바이트는 100경 바이트다. 금융 데이터 분석 사업은 유통되는 방대한 데이터를 수집·분석하여 새로운 부가 가치를 창출·제공하는 서비스다. 빅데이터를 다각적으로 분석한 결과를 금융 및 플랫폼 분야의 사업과 연계해 다양한 수익을 창출한다.

대표적인 것이 빅데이터 기반 신용 평가 모델이다. 미국의 결제 플랫폼 어펌Affirm은 자체 알고리즘으로 고객 데이터를 분석해 신용 평가를 진행하고, 부여된 신용에 따라 일정 이율로 할부 결제를 승인해 준다. 중국 알리바바의 신용 평가 모형 세서미 크레딧(Sesame Credit·芝麻信用)은 사용자의 신용 기록, 행동 기호, 계약 이행 능력, 정체성, 사회적 관계 등 다섯 가지 요소와 연관된 빅데이터로 신용을 평가한다. 부여된 신용 점수는 알리바바의 인터넷 전문 은행인 마이뱅크의 대출 심사 자료로 활용된다.

금융 데이터 분석 분야는 혁신적인 금융 상품 개발을 위한 핵심 기술로서 각광받는 투자 대상이다.[9] 글로벌 컨설팅업체 액센츄어Accenture에 따르면 2013년 글로벌 핀테크 투자액 중 29퍼센트가 금융 데이터 분석 분야로 흘러갔다. 증권 시장 분석, 보험 인수 심사 등 금융 공학을 활용하는 업계에서 주어진 데이터를 알고리즘으로 대체하는 연구가 활발하게 이뤄지고 있다.

투자가 몰리는 또 다른 업종은 금융 소프트웨어 분야다. 2013년 핀테크 투자액의 29퍼센트를 차지한 이 사업 영역은 스마트 기술을 활용해 기존 방식보다 효율적이고 혁신적인 금융 업무 및 서비스 소프트웨어를 제공한다. 리스크 관리, 자산 관리, 회계 관리 등을 용이하게 해주는 소프트웨어 프로그램이 대표적이다. 개인 자산 관리 소프트웨어는 예산 수립부터 투자 및 대출 계정까지 손쉽게 관리하며, 사용자가 금융 목표를 달성할 수 있도록 최적화된 포트폴리오를 구성해 준다. 사용자의 소비 습관을 상세히 분석해 주는 것은 물론이고 현금 흐름, 투자 이력, 주가, 배당금 등을 분석한 투자 보고서까지 제공해 효과적인 자산 관리를 돕는다. ERP(Enterprise Resource Planning·전사적 자원 관리)는 기업 업무 효율화를 위해 생산, 물류, 재무, 회계 등 경영에 필요한 프로세스를 통합 처리하도록 설계된 소프트웨어다. 이를 통해 기업은 전문 지식 없이도 가계부를 쓰듯 세무·회계 관리를 할 수 있다.

마지막으로 플랫폼은 앞서 밝힌 세 가지 핀테크 사업 영역을 포함한 모든 것을 연결하는 금융 거래의 장이라 할 수 있다. 전 세계 기업과 고객들이 금융 기관의 개입 없이 다양한 금융 거래를 자유롭게 할 수 있는 모바일 거래 기반을 제공한다.[10]

플랫폼을 통한 금융 거래는 주로 잉여 부문의 여유 자금을 흡수해 부족 부문에 공급하는 크라우드 펀딩에 집중되어 있는데, 개인 간 대출P2P과 중소기업 대출P2B·Peer to Business이 여기에 속한다. 플랫폼 사업자는 자금 차입 희망자로부터 신청을 받은 후, 금융 데이터 분석을 통해 신용 등급과 적정 금리를 결정하고 투자자들에게 노출시켜 투자를 이끌어 낸다. 정부까지 P2P 대출 자금을 지원하는 영국의 펀딩 서클Funding Circle, 그리고 미국의 스타트업과 엔젤 투자자를 연결하는 플랫폼 업체 엔젤리스트Angel List를 예로 들 수 있다.

P2P 대출 외에도 보험insurance과 기술technology의 합성어인 인슈어테크Insurtech 플랫폼도 있다. 중국의 온라인 보험 회사 중안보험众安保险은 전문 보험 회사와 전자상거래 플랫폼,

소비자를 연결하는 B2B2C Business to Business to Consumer 모델의 판매 채널을 통해 복잡한 인증 없이 인터넷 쇼핑을 하듯 보험 상품을 구매할 수 있게 했다. 중안보험은 인공 지능을 이용해 보험 계약, 요율 산출, 인수 심사, 보험금 지급 등 업무 대부분을 자동화했다.

하늘 아래 어려운 장사가 없도록 하라

"우리는 이커머스e-commerce 기업이 아니다. 단지 수많은 상인들의 장사를 위해 일할 뿐이다."

알리바바 회장 마윈马云이 늘 강조하는 말이다. '하늘 아래 어려운 장사가 없도록 하라'는 철학은 알리바바의 사업 부문 곳곳에서 드러난다.

알리바바는 전자상거래의 모든 비즈니스 관계를 플랫폼 내에서 구현한 뒤, 입점 수수료 무료 정책을 시행해 전 세계 중소상공인들의 판로를 열어 주었다. '누구나 평등하게 합리적인 이윤을 창출할 수 있어야 한다'는 목표는 자금난으로 사업을 접어야 했던 중소상공인들을 돕는 금융 사업으로 이어졌다. 알리바바는 입점 업체의 자금 수혈을 위한 모세 혈관이 되기 위해 중국의 주요 국유 은행과 협력하는 방안을 택했다. 2007년 알리바바는 중국건설은행, 공상은행 등과 제휴를 맺고 중국 최초의 인터넷 소액 대출 상품 알리론(Aliloan·阿里 小额贷款)을 출시했다. 주요 고객은 자사 전자상거래 플랫폼 입점 업체였다. 알리바바가 입점 업체의 전자상거래 내역을 토대로 한도와 이율을 산정하면 은행이 대출을 시행했다. 재무 구조가 취약한 영세 기업들은 기존 은행의 신용 평가 방법으로는 신용 대출을 받을 수 없었지만, 알리바바의 신용 평가와 등급 부여가 은행에서 대출 근거로 활용되었다.

알리바바의 도전은 중국 당국의 금융 산업 개혁 의지와도 맞닿아 있다. 당국은 국유 기업에만 의존하는 기존 은행의 관행을 혁신하기 위해 알리바바와 같은 ICT 기업을 금융 시장에 유연하게 개입시켰다. 대출 업무로 첫발을 내디딘 알리바바와 금융 당국의 협업 구도는 인터넷 전용 보험 회사 합작 설립, 인터넷 전용 펀드 상품 제휴 개발 등 다각도로 확장됐다.

2013년 알리바바는 스몰 앤 마이크로 파이낸셜 서비스 컴퍼니(Small and Micro Financial Services Company·小微金融服务集团)를 설립했다. 자회사들에 산재해 있던 모든 핀테크 서비스를 통합한 중국 최초의 핀테크 금융 그룹이었다. 2014년 9월에는 중국 은행감독관리위원회로부터 인터넷 전문 은행 설립 허가를 받았다. 리커창李克强 총리가 전국인민대표대회 폐막 기자 회견에서 "인터넷 금융을 더욱 육성하겠다"고 선언한 직후였다.

2014년 10월 16일 알리바바의 핀테크 금융 그룹은 앤트파이낸셜(Ant Financial·蚂蚁金服)로 사명을 공식 변경하고 이듬해 인터넷 전문 은행 마이뱅크를 설립한다. 앤트파이낸셜은 일반 대중과 함께 보편적 금융 서비스를 만들어 나가겠다는 의지를 로고에 담았다. 로고에 그려진 개미 한 마리는 협력하는 '작은 것'들을 상징한다. 앤트파이낸셜 CEO 펑레이彭蕾는 마이뱅크 설립에 앞서 "우리는 금융 기관이 아닌 금융 서비스 제공 업체로서 중소상공인과 개인에 초점을 맞출 것"
이라며 '금융 서비스업의 모세 혈관'이 되고자한 기본 구상을
이어 갈 의지를 밝혔다. 마윈도 "지난 200년 동안 금융은 파
레토 원칙Pareto principle을 강조하며 20퍼센트의 기업이 80퍼센
트의 발전을 결정한다는 논리로 신용 배분을 해왔으나, 신금
융은 역으로 그동안 소외되었던 80퍼센트를 지원해야 한다"
고 주창해 왔다. 금융 사각지대에서 사채와 같은 불투명한 금
융 거래에 의존할 수밖에 없었던 소외된 금융 약자들이 이용
할 수 있는 금융 사업에 뛰어든 것이다.

모든 거래는 알리페이로 통한다

2003년 알리바바는 전자 지급 결제 서비스 알리페이를 출시하
며 핀테크 기업으로의 탈바꿈을 시작했다. 출시 16년 차인 알
리페이는 2017년 3분기 기준 중국 모바일 결제 시장의 53.7퍼
센트를 차지하고 있다. 알리페이는 글로벌 핀테크 열풍의 한
축이자, 핀테크 산업 혁신의 기초 자산이다.

　　알리페이는 시기와 출발점, 그리고 수요라는 3요소가 적
절하게 맞아떨어지면서 도약할 수 있었다. 신용 사회를 경험
하지 않은 중국은 경제 발전으로 급증한 인터넷과 모바일 수
요를 뒷받침할 수 있는 인프라가 부족했다. 반면 중국의 4대
중앙은행은 모두 국유 은행이었기 때문에 국유 기업과의 거

래가 쉬웠고 예대 마진만으로도 많은 수익을 남길 수 있었다. 당국의 보호 아래 타성에 젖은 이들에게 거대한 중국 인구를 포용할 금융 서비스 창출을 기대하기란 무리였다. 게다가 국민 대다수가 기초적인 신용 정보조차 없었다. 신용 카드 보급률이 저조한 것은 당연한 결과였다. 중국의 신용 카드 보급률은 2003년 말 기준 480만 장에 불과했고, 2014년까지도 일인당 발급량이 0.33장을 넘지 못했다. 제도권 금융이 신용 기반의 지급 결제 수단을 활성화하지 못한 것이다.

중국의 모바일 사용 인구는 2006년 1억 8000만 명에서 2016년 6억 9500만 명으로 4배에 육박하는 성장을 보였다. 중국이 모바일 사회로 진화하고 있다는 것을 간파한 알리바바는 알리페이라는 보이지 않는 신용 카드를 모바일에 탑재했다. 신용 카드가 없어 현금을 결제 수단으로 사용하던 중국에 모바일 결제라는 새로운 금융 거래 방법을 제시한 것이다. 알리바바가 기존 금융업의 고유 영역이던 지급 결제 업무를 해체시켰다기보다는 전무했던 신용 사회를 창조했다고 볼 수 있다.

핀테크 기업이기도 한 알리바바는 중국 최대의 전자상거래 기업이다. 알리바바 플랫폼 안에서 수많은 공급자와 소비자가 연결되고, 생산, 마케팅, 판매, 결제, 유통 등 공급 사슬의 전 과정이 이뤄진다. 경제 순환 체계를 갖추고 있는 것이다. 알리페이가 다른 경쟁자들과 구별되는 특장점이다.

1999년 알리바바는 바이어buyer와 셀러seller를 연결해 주는 B2B 전자상거래 서비스를 시작했다. 당시 중소 제조업자들은 무역 지식이나 해외 시장 개척 역량이 부족해 전문 무역 상사에 의존하다가 실패하는 경우가 많았다. 창업 초기 알리바바는 여기에 초점을 맞춰 판매 및 정보 등록 수수료 무료 모델을 선보였다. 덕분에 B2B 플랫폼에서 간판도 없는 숱한 중소기업들이 직접 무역을 할 수 있게 됐다.

중소기업 유통 비용 절감과 글로벌 시장 판로 개척의 기회를 제공한 알리바바는 이후 C2C, B2C 등 전자상거래의 모든 비즈니스 관계를 플랫폼 안에서 구현했다. 그 결과 240여 개국의 기업과 국민이 알리바바의 고객이 되었다.[11]

전자상거래는 알리바바가 금융업에 진출할 때 다른 기업보다 앞서 나갈 수 있는 기반이 됐다. 핀테크는 주로 전자상거래의 금융 수요에서 힘을 발휘한다.[12] 전자상거래에 참여하는 공급자와 소비자 모두가 결제 서비스를 필요로 한다. 알리페이는 이런 전자상거래 생태계에서 결제를 지원하는 부가 서비스로 탄생했다. 자신의 플랫폼 안에 군집한 지급 결제 수요자들을 겨냥한 것이다.

중국판 블랙프라이데이로 알려진 광군제光棍节 행사만 살펴봐도 전자상거래 생태계가 가진 금융 수요의 힘을 가늠할 수 있다. 광군제는 2015년 912억 위안(한화 약 16조 원)의 매출을 올렸는데, 이는 2009년 대비 1140배 증가한 수치다. 중국 최대의 쇼핑 축제가 된 광군제는 2016년에는 당일에만 1207억 위안(한화 약 21조 원)의 거래를 성사시켰고, 2017년에는 1683억 위안(한화 약 28조 원)이 거래돼 역대 최고 기록을 달성했다. 매해 경신되는 어마어마한 거래액 대부분을 알리페이 지급 결제 시스템이 처리하고 있다. 중국인의 모바일 소비 습관과 모바일 결제 습관이 맥을 같이하는 것이다.

금융은 안전성과 신뢰가 기반이다. 중국 상업은행법에는 중국의 화폐 지급 결제는 상업은행이 담당한다고 명시돼 있다. 국가 금융 기관이 안전한 금융 업무의 유일한 경로인 것이다. 금융 신뢰의 독점적 지위가 탈중앙화하여 핀테크 이용자 경험으로 통합되려면, 그만큼 믿을 만한 인프라가 갖춰져야 했다.

알리페이는 안전성과 신뢰라는 이용자의 니즈를 정확히 파악하고 있었다. 알리페이가 나왔을 당시 세계 최대의 C2C 전자상거래 기업이던 이베이와 비교해 보면 이해하기 쉽다. 이베이의 페이팔과 알리바바의 타오바오(淘宝·2003년 처음 알리페이를 도입한 알리바바의 C2C 전자상거래 플랫폼)는 중국의 초기 C2C 시장에서 치열한 경쟁을 벌였다. 이베이와 타오바오는 각각 페이팔과 알리페이라는 자체 결제 시스템을 구축했다는 점에서 사업 구조가 동일했다.

두 플랫폼의 경쟁은 전자상거래 시장을 넘어 핀테크 페

이 마켓 선점 싸움이었다. 초창기에는 이베이의 페이팔이 유리했다. 2003년 이베이는 중국 전자상거래 기업 이취易趣와 합병한 후 이베이이취로 사명을 바꾸고 중국 C2C 시장의 80퍼센트를 장악해 나갔다. 페이 마켓의 패권을 페이팔이 거머쥐는 듯했다. 상황을 역전시킨 것은 2004년 알리페이가 도입한 제3자 지급 결제 시스템이었다.

제3자 지급 결제 시스템은 판매자와 구매자 사이에 임시 계좌를 설치하고 송금액을 일시 보관했다가 거래가 완료되면 자금을 최종 이체하는 일종의 리스크 관리 기술이다. 마윈 회장은 폐쇄적인 관계에서 강한 신뢰를 바탕으로 상호 거래가 이뤄지는 중국의 꽌시关系 문화를 꿰뚫어 봤다. 판매자와 구매자 간 신뢰를 쌓을 수 없는 상황을 제3자 담보라는 개념으로 넘어선 것이다.

알리바바는 모든 거래를 알리페이로 결제하도록 했고, 확보한 신뢰성으로 이용자 경험을 통합하며 폭발적인 성장을 이어 나갔다. 2004년 이베이의 중국 내 시장 점유율은 53퍼센트로 쪼그라들었다. 반면 타오바오는 2005년 59퍼센트의 시장 점유율을 달성하며 이베이를 제쳤고 현재까지 독보적인 1위 자리를 지키고 있다. 알리페이도 모바일 결제 시장에서 페이팔을 추월한 지 오래다. 2014년 페이팔과 알리페이의 결제액이 각각 1750억 달러, 5418억 달러를 기록한 이래

격차는 갈수록 벌어지고 있다.

알리페이는 대면 거래에서도 중국인의 금융 수요를 충족시켰다. 알리페이가 나타나기 전부터 중국은 위조지폐 문제가 심각했다. 중앙 금융 기관들이 위조지폐 판별기를 사용했지만, ATM기에서 위조지폐가 인출되는 경우도 있었다. 알리페이는 위조지폐 우려를 오프라인 모바일 결제로 완전 종식시켰다. 본인만이 사용하는 QR코드를 모바일로 스캔하면 몇 초 만에 결제가 이뤄진다. 대면 중에 껄끄럽게 위조지폐를 감별하거나 거스름돈을 일일이 셀 필요가 없다. 현금보다 알리페이와 같은 모바일 결제를 더욱 신뢰하게 된 오늘날에는 많은 중국인들이 현금 사용을 꺼린다.

4차 산업혁명 시대의 경제 순환 축은 모바일 플랫폼으로 이동했다. 알리바바는 전자상거래 플랫폼에 깔린 금융 기술로 모바일 경제 순환의 새로운 자금 융통을 책임지게 됐다. 중국의 핀테크 대약진과 무현금 사회는 이처럼 플랫폼과 금융의 만남에서 시작됐다.

알리페이는 전자 지급 결제의 베테랑이다. 초당 8만 5900건의 트랜잭션(Transaction·데이터베이스 등의 시스템에서 사용되는 업무 처리 단위)을 동시 거래할 수 있으며, 부정 사용 손실률[13] 또한 0.001퍼센트도 안 된다.[14] 선두 주자였던 페이팔 등 다른 결제 시스템의 부정 사용 손실률이 0.2퍼센트 정도인 것을 감안하면 알리페이의 안전성은 세계 최고 수준이다. 전자상거래 생태계의 부가 서비스로 탄생한 알리페이는 막강한 리스크 관리 능력을 탑재하고 모체였던 알리바바의 생태계를 운영하고 있다.

알리페이는 알리페이 월렛Alipay Wallet으로 모바일 결제 기술력이 필요한 다양한 플랫폼을 결집시켰다. 여기에는 타오바오, 티몰(Tmall·알리바바의 프리미엄 쇼핑몰) 등 알리바바 생태계 속 전자상거래 플랫폼뿐만 아니라 항공권, 기차표, 택시 예약 시스템부터 전기·가스요금 등 각종 공공요금 납부 시스템까지 포함돼 있다. 알리바바는 기술력 하나로 금융 결제 서비스가 필요한 모든 플랫폼 생태계를 품었다.

소비자 입장에서 알리페이 월렛은 만능 지갑이다. 타오바오 등 다른 앱을 다운받을 필요 없이 결제 순간 알리페이 앱을 열기만 하면 된다. 모든 결제는 알리페이로 통한다. 초창기에는 타오바오 이용자 덕분에 알리페이가 성장했다면, 이제는 알리페이가 타오바오에 고객을 유입시킨다.

알리페이는 공급자와 소비자의 거래 기록으로 생태계 운영에 필요한 핵심 정보를 생산하는 역할을 하고 있다. 생태계에 남은 흔적들인 빅데이터는 온·오프라인 가맹점을 유인하며 또 한 번 알리페이의 폭발적인 성장을 이끌었다. 고객 정보는 기업 마케팅 활동의 기초 자산이다. 기업은 소비자가 무엇을 원하는지 알아야 그에 맞는 재화를 판매할 수 있다. 알리페이에는 고객의 성별, 연령, 주소 등 회원 가입 시 수집된 기본 정보와 온·오프라인 구매 정보가 촘촘히 쌓여 있다. 이렇게 수집된 빅데이터를 분석해 소비자의 성향을 가맹점에 제공한다. 기업은 알리페이를 통해 고객 정보에 대한 목마름을 해갈한다. 고객 데이터를 받은 가맹점의 마케팅 전략 역시 알리페이를 거쳐 소비자에게 전달된다. 알리페이 앱은 소비자가 원하는 가맹점 정보를 수시로 노출시키는 한편, 위치 기반 서비스로 고객의 현재 위치 주변 가맹점의 이벤트를 알려 준다. 과거 소비자가 열었던 모바일 지갑의 흔적이 또 다시 알리페이를 열게 만드는 것이다. 알리페이는 가맹점과 소비자를 연결해 모바일 결제를 확산시키고 있다. 알리바바 생태계는 '모바일 결제→데이터 축적→마케팅·홍보→결제 확산'을 반복한다. 알리페이는 중국 핀테크 금융 확산의 원인이자 결과다.

2012년 중국 네트러프러너[15] 서밋Netrepreneur Summit 폐막 연설에서 마윈 회장은 온라인 플랫폼, 금융, 빅데이터가 알리바바의 3대 핵심 가치가 될 것이라는 견해를 밝혔다. 3대 핵심 가치를 중심으로 성장하는 가운데 알리페이는 매년 혁신을 시도하고 있다. 아직 시작 단계지만 다오웨이到位, 취엔즈圈子 등 SNS로 하는 지인 간 거래와 '상품-물류-매장-모바일'을 연결한 허마셴성(盒马鲜生·알리바바의 오프라인 신선 식품 매장으로

30분 내 배송되는 서비스)은 오직 알리페이로만 결제할 수 있다.

2018년 알리페이 홈페이지에 공시된 가입자 수는 5억 2000만 명이고, 이 중 월간 활성 이용자는 4억 5000만 명에 달한다. 2016년 중국의 연간 모바일 결제액 58조 위안 중 절반 이상이 알리페이를 통해 거래됐다. 알리바바의 무현금 운동은 온·오프라인에 걸쳐 대대적으로 추진되고 있다. 온라인에 대규모 초특가 행사인 광군제가 있다면, 오프라인에는 쌍십이(双十二·12월 12일) 할인 행사가 있다. 단 하루만 하는 행사지만, 전국의 알리페이 가맹점은 평소의 몇 배에 달하는 매출을 올린다.

시 정부도 '현금 없는 도시 계획'을 추진하며 알리바바의 무현금 운동에 가세했다. 항저우杭州, 우한武汉, 톈진天津, 푸저우福州, 구이양贵阳 등 5개 주요 도시가 참여한 모바일 소비 진작 정책으로, 소비자는 8월 1일부터 8일까지 계속되는 무현금 주간 동안 해당 도시 전역에서 알리페이 결제 혜택을 누릴 수 있다.

무현금 운동으로 소비자들의 모바일 결제에 대한 인식은 한층 더 고무됐다. 편리함은 기본이고 각종 할인·적립 등 다양한 경제적 혜택으로 무장한 모바일 결제 서비스를 이용하지 않을 이유가 없다. 프랑스의 글로벌 리서치업체 입소스Ipsos에 의하면, 중국인 중 70퍼센트가 현금 100위안(한화 약

1만 7000원)만 소지하고 일주일을 산다. 중국인의 기억 속에 현금이라는 존재가 사라지고 있다.

소비에서 투자까지

모바일 결제로 중국인의 소비 습관을 통합한 알리페이는 연동된 은행 계좌에 모여 있는 돈을 발견했다. 모바일 결제를 위해 알리페이에 예치해 둔 고객의 자금은 유통을 기다리는 일종의 유휴 자금이다. 알리바바는 알리페이 소비자들이 제3자 지급 결제 시스템을 이용한다는 점에 착안해 알리페이의 기능을 투자 영역으로 확대했다.

초기에는 상품 구매를 결정할 때까지 잠시 표류하는 소액 현금을 자산운용사에 위탁해 투자 수익을 이자처럼 돌려줬다. 투자와 소비를 동시에 하는 혁신적인 금융 투자 모델은 가계 소득의 절반 이상을 저축하던 중국인들의 유휴 자금을 흡수하는 데 성공했다. 출시된 상품은 위어바오로 명명됐다. 위어바오를 직역하면 '위어'는 잔액, '바오'는 보물이다. 잔액을 불려 주는 보물 정도로 이해할 수 있다. 알리페이의 기존 사업이 온·오프라인을 초월해 결제 영역을 연결시켰다면 위어바오는 투자 상품을 융합해 핀테크의 지평을 넓혔다.

위어바오는 고객이 알리페이에 충전해 둔 금액을 자산운용사 톈훙펀드天弘基金에 단기 집중 투자하고 수익금을 고객에게 돌려주는 머니 마켓 펀드Money Market Fund 상품이다. 위어바오는 주로 지방성에서 발행하는 국공채에 투자하고 있는데, 안전성이 보장되는 국가와 공사 발행 채권 투자라는 점에서 초기부터 인기가 높았다.

위어바오를 이용하는 소비자는 투자를 위해 따로 준비할 것이 없다. 기존 알리페이 계좌의 예치금을 위어바오 계좌로 연결만 하면 된다. 알리페이로 쇼핑을 하지 않을 때는 자동으로 펀드 투자가 되고, 또 온라인 구매 시에는 현금처럼 사용할 수도 있다. 위어바오는 금액에 상관없이 상시 투자가 가능한 동시에 수시 입출금까지 되는 편리함을 갖췄다. 이용자가 지정한 시간에 수익률과 수익 금액을 자동으로 알려 주기도 한다.

위어바오의 수익률은 연평균 5~6퍼센트에 달한다. 시중 금리가 1~3퍼센트임을 고려하면 기대 이상의 성적이다. 2013년 6월 출시된 위어바오는 6개월 만에 투자금 40조 원을 유치했고, 출시 1년 만에 수탁고 100조 원을 달성해 세계 4위 머니 마켓 펀드 자산운용사가 되었다.[16] 같은 기간 중국의 보통 예금은 50조 원 감소했다. 이제 중국인들은 소비할 계좌와 투자할 계좌를 구분하지 않고 알리페이 앱 속에 함께 넣어 둔다.

소비와 투자를 하나로 묶은 금융 생태계는 다양한 금융 상품의 후속 출시로 진화했다. 2014년 3월 선보인 엔터테인먼트 분야 전문 투자 상품 위러바오娱乐宝는 출시 5일 만에 10만 명의 투자자를 확보했다. 한편, 2014년 4월 출시한 개방형 투자 자산 관리 플랫폼 자오차이바오(招財宝·투자자와 대출자를 연결해 주는 금융 정보 중개 플랫폼)는 6개 펀드 상품이 출시 당일에 매진되는 경이로운 기록을 세웠다.[17]

중소기업 전용 MMF 투자 상품 위리바오余利宝도 출시됐다. 위리바오의 앞 두 글자 '위리'는 '남은 수익'이란 뜻으로, 남은 수익으로 기업 수익을 불려 주는 보물로 풀이할 수 있다. 위리바오에는 개인도 투자할 수 있지만 주로 알리바바 전자상거래 플랫폼 입점 업체들이 자금의 유동성 확보를 위해 수익금을 예치하고 있다. 특히 광군제와 같은 초대형 쇼핑 축제를 통해 거둔 수익금을 위리바오로 예치해 투자 수익까지 올리는 경우가 많다. 중소기업의 단기 자금 유동성 제고에 최적화되어 있다고 할 수 있다. 2017년 12월 11일 홈페이지 자료 기준으로 위리바오는 150만 곳이 넘는 중소기업을 유치했으며, 4.01퍼센트의 연평균 수익률을 기록 중이다.

'바오 열풍'으로 알리페이 앱 속의 핀테크 투자 상품은 소비자들의 관심만큼 다양해졌다. 투자의 대중화에 따라 누구나 쉽게 투자에 접근하도록 도와주는 투자 상품 추천 앱도 나왔다. 마이쥐바오蚂蚁聚宝는 일종의 로보어드바이저Robo-advisor로, 빅데이터로 분석한 소비자 투자 성향에 맞춰 최적의 투자 상품을 추천해 준다. 2015년 8월 출시 후 반년 만에 가입자 수

1200만 명을 돌파할 만큼 인기를 끌고 있다.

모바일 결제를 통한 소비도 다원화됐다. 2015년 4월 출시된 마이화베이蚂蚁花呗는 계좌에 돈이 없더라도 알리페이 빅데이터로 소비자에게 신용 한도를 부여해 '선先 소비 후後 지불'을 가능하게 했다. 마이너스 통장과 신용 카드를 결합한 듯한 이 상품은 소비형 금융의 대중화를 촉진하고 있다. 알리페이에서 발표한 2016년 중국전민결산서에 의하면, 2016년 광군제에 결제된 10억 5000만 건 중 20퍼센트가 마이화베이 서비스로 처리됐으며, 한 해 동안 32억 건 이상이 사용됐다.

알리페이로 통합된 소비와 투자는 핀테크 금융을 대중화하는 데 중요한 역할을 했다. 특히 알리바바의 핀테크 투자 상품은 금융업 자체를 해체시키는 파괴력을 보여 줬다. 2014년 말 위어바오 가입자 수는 무려 1억 8500만 명[18]으로, 중국 주식 시장 개장 이래 증권사들이 20여 년간 유치한 투자자 6700만 명을 3배 가까이 넘어선 수치다. 민간 기업이 핀테크로 제도권 주류 금융을 통째로 흔들고 있는 것이다.

당시 위기를 느낀 기존 은행들은 알리바바가 펀드 판매에 관한 법률을 위반했다며 반발하기도 했다. 관련 규정에 의하면 펀드는 은행, 증권사 또는 자산운용사를 통해 판매가 이뤄져야 하는데, 알리바바는 비非금융권이므로 불법이라는 논리다. 그러나 증권감독관리위원회는 위어바오가 건전한 서민 금융 발전에 기여하는 바가 크다며 새로운 금융 혁신을 지지했다. 정부의 지지와 금융 소비자들의 적극적인 호응으로, 알리바바 금융 생태계는 더욱 빠르게 성장할 수 있었다.

알리페이가 모바일 결제 시장의 후발 주자임에도 불구하고 선두 기업 페이팔을 추월했던 것처럼, 머니 마켓 펀드 분야의 알리바바 출시 펀드들은 기존 상품들을 제치고 글로벌 최대 머니 마켓 펀드로 자리매김했다. 2017년 4월《파이낸셜 타임스Financial Times》는 위어바오의 운용 자산이 1656억 달러로, 1500억 달러인 JP모건의 미국 정부 MMF[19]를 추월해 세계 최대 펀드로 부상했다고 밝혔다. 평범한 시민들의 작은 투자가 모여 시작한 투자 상품이 알리바바를 세계 최고의 핀테크 기업으로 부상하게 만든 것이다.

금융 연결망의 확장과 관치금융의 해체

알리페이는 신뢰를 기반으로 한 연결과 빅데이터로, 결제 이상의 혁신적 금융 서비스를 창출해 다양한 시장 참여자들을 유입시켰다. 그리고 위어바오는 소비와 투자를 하나의 금융 플랫폼으로 묶어 절대 다수의 자금을 흡수했다. 이 거대한 금융 생태계는 이용자의 금융 거래 경험이 신뢰로 통합된 네트워크로 성장했다. 참여자 모두가 함께 만든 신뢰의 금융 공간 핀테크는 이제 금융 연결망Financial network이란 이름으로 기존 금융 기관의 역할을 대체하고 있다.

금융 소비자는 더 이상 은행과 신용 카드가 보장하는 중앙 집권적 신뢰를 선호하지 않는다. 알리페이는 기존 은행과 같은 중앙 관리자의 영향을 받지 않고 소비자와 곧바로 연결된다. 핀테크 투자 금리는 중앙 정부 개입 없이 시장 질서에 의해 결정된다. 수많은 인구가 유기적으로 연결된 핀테크 금융 연결망 속에서 참여자들 스스로가 신뢰의 금융 생태계를 형성한 것이다.

금융 연결망은 눈덩이처럼 산 정상에서 출발해 굴러 내려올수록 닿는 면적이 넓어지고 폭발적으로 커진다. 신뢰의 덩어리가 커질수록, 즉 연결망이 촘촘하고 넓어질수록 탈중앙화되는 경향을 보인다. 알리바바 금융 생태계는 연결과 참여가 중심인 금융 연결망으로 공동의 신뢰를 구축했다. 모두가 주인인 핀테크 금융은 당국의 개입 없이 투명하게 수요와 공급을 직접적으로 연결할 수 있게 되었다.

2014년 4월 출시된 자오차이바오는 금융 기관의 개입 없이 시중의 잉여 자금을 부족한 곳으로 연결해 공급하는 일종의 크라우드 펀딩 플랫폼이다. 투자자와 대출자를 플랫폼으로 연결해 주는 P2P 방식을 채택하는데, 차입자는 주로 중소기업이나 개인에 집중돼 있다. 이 같은 방식은 알리바바 전자상거래로 연결되는 C2C와 유사한 것으로, 금융이 정보화 과정을 거쳐 상품으로 거래된다고 볼 수 있다. 자오차이바오 는 금융 정보를 투자자와 대출자에게 제공하고 직접적으로 연결해 주는 매개자다.

　기존에는 자금을 다룬다는 이유로 신뢰를 독점한 금융 권을 매개로 금융 거래가 이뤄질 수밖에 없었다. 그러나 핀테 크 금융 연결망에선 다양한 안전성과 효율성 확보 방법이 존 재한다. 에어비앤비Airbnb는 잉여 숙박 장소를 전혀 모르는 제 3자와 직접 연결하는 데에서 성공을 거뒀다. 이는 네트워크 의 확장이 공동의 신뢰를 구축하는 데 충분한 효과를 발휘한 다는 것을 보여 준다. 금융 연결망은 철옹성 같은 기존 금융 산업의 벽을 허물고 있다.

　자오차이바오는 거칠게 말하면 사채의 네트워크화라고 표현할 수도 있지만, 금융 연결망의 확장으로 기존 금융권과 다른 효율성을 제공하고 있다. 자오차이바오는 빅데이터 분석 을 활용해 투자자와 대출자를 최적의 조건으로 연결시킨다. 금 융 연결망은 단순히 많은 사람들이 사용하는 검증된 시스템을 뜻하는 것이 아니다. 모두가 연결된 금융 환경 속에서 공유되 는 금융 거래 정보를 통해 신뢰를 공고히 해주는 시스템이다.

　우선 투자자는 원리금이 보장된 상품에 투자할 수 있게 설계돼 있다. 이는 보험 회사 등 담보 기관이 빅데이터를 통 해 분석한 대출자의 신용 정보를 토대로 투자자의 원리금에 대해 담보를 제공하기 때문이다. 은행이 예금과 대출 사이의 손익을 계산할 때, 자오차이바오는 최소한의 수수료만 취하기 때문에 보장된 이자율이 은행 이자보다 높다. 2017년 8월 홈페이지에 공시된 이자율은 4퍼센트대다. 한때는 확정 수익 호가呼價가 평균 6퍼센트대를 기록하기도 했다. 당시 은행 이자는 1~3퍼센트에 불과했다. 또한 100위안의 소액 투자도 가능해 누구나 부담 없이 펀딩할 수 있다. 거래액의 약 0.2퍼센트인 만기 전 수수료만 부담하면 가입 조건을 유지한 채 중도 환매할 수 있는 조건도 차별점이다.

중소기업, 개인 등 대출자 입장에서도 자오차이바오는 저렴한 금리로 빠르게 자금을 수혈받을 수 있는 서비스다. 말 그대로 크라우드 펀딩이기 때문에 불특정 다수가 참여해 한 명의 대출자에게 자금을 모아 준다. 기존 은행 업무에 적용하자면 예금자의 자금을 모아 지급준비율(은행이 고객으로부터 받아들인 예금 중에서 중앙은행에 의무적으로 적립해야 하는 비율)을 맞춰 두는 업무와 수시로 찾아오는 대출자를 위해 대출을 시행하는 과정이 플랫폼에서 한 번에 이뤄진다고 볼 수 있다. 한마디로 투자자(예금자)가 대출자에게 은행을 거치지 않고 자금을 수혈해 줄 수 있는 것이다. 또한 대출자는 빅데이터를 통한 신용 평가로 자오차이바오와 제휴한 담보 기관으로부터 신용 증진 혜택을 받을 수 있다. 영세한 중소기업이나 서민

대출자가 대부분인 중국에서는 전통적인 신용 데이터에 기댈
수 없는 것이 현실이었다. 자오차이바오는 기존 금융권이 제
공하지 못한 신용 정보를 전자상거래 기록, SNS 활동 등 인터
넷에 남은 흔적들로 생성해 이들을 신용 우수자로 만들었다.

2015년 11월 알리바바는 자오차이바오에 이어 마이다
커蚂蚁达客라는 유사 플랫폼을 출시하면서 개인 간 투자의 금
융 연결망을 추가적으로 확장했다. 자오차이바오가 대출형
P2P 크라우드 펀딩이었다면, 마이다커는 지분형 크라우드 펀
딩 플랫폼이다. 여기서는 스타트업 기업들의 지분을 취득하
는 방식으로 일반 대중이 투자에 참여할 수 있다. 핀테크 금
융 연결망이 창업가들에게 빠르게 자금을 수혈하는 모세 혈
관으로 확장되고 있다.

핀테크는 결국 독점 관리 관치금융의 해체다. 금융 거
래의 정보가 탈중앙화해 경제 주체들에 의해 유기적으로 결
합할 때, 비로소 이용자는 자유롭게 금융 거래를 할 수 있다.
알리바바 금융 연결망은 핀테크가 단순히 편리한 기술이 아
니라 새로운 이용자 가치를 창출하는 패러다임의 전환이라
는 것을 보여 준다.

모두의 신용, 세서미 크레딧

앤트파이낸셜은 2015년 금융 당국으로부터 개인 신용 조회

영업을 정식으로 허가받고, 빅데이터 기반 신용 평가 기술을 집약한 세서미 크레딧을 공식 오픈했다. 세서미 크레딧은 정식 허가를 받았기에 알리바바의 생태계에서 확보한 온라인 금융 정보에 더해 중국 공안 당국과 각종 공공 기관의 데이터까지 신용 분석에 활용할 수 있다. 광범위한 정보를 바탕으로 더욱 정교한 신용 평가를 할 수 있게 된 앤트파이낸셜은 핀테크 신용 가치로 비즈니스 영역을 확장해 나갔다.

우선 핀테크 신용 대출 서비스의 대중화를 이끌었다. 전자상거래 정보에 기초한 기존의 알리바바 대출 상품은 입점 업체가 주로 사용했다. 그러나 이제 오프라인에서도 누구나 동등한 서비스를 누리게 됐다. 앤트파이낸셜 산하의 인터넷 전문 은행 마이뱅크는 농민, 창업자 등을 비롯한 모든 개인에게 대출의 문을 열고 있다. 개인을 위한 소액 대출 마이샤오따이蚂蚁小贷, 농민을 위한 왕농따이旺农贷, 자재 등의 구매 대금을 먼저 지불해 주는 신런푸信任付 등 서비스 영역을 확장하며 금융 사각지대에 놓여 있던 절대 다수를 포용했다. 2017년 2월에는 소상공인 전용 대출 상품인 두어서우두어따이多收多贷가 출시됐다. 이 대출 상품은 결제 금액에 관계없이 오직 결제 횟수로만 신용을 평가해 대출 금액을 산정한다. 여기 활용되는 데이터는 서우첸마收钱码 서비스가 제공한다. 서우첸마는 알리페이로 결제를 받는 소상공인들에게 회계 장부를 만들어 주는 금융 소프트웨어 서비스다. Online to Offline의 방식을 넘은 Offline to Online의 양방향 서비스인 셈이다.

앤트파이낸셜은 2016년까지 7000억 위안(한화 약 120조 원) 이상의 누적 대출금을 400만 중소기업과 기업인에게 제 공하며 핀테크 무담보 신용 대출의 대중화 시대를 열었다. 이 렇게 빠르게 확산될 수 있었던 데에는 신용 평가 모델 세서미 크레딧의 기술력이 주요한 역할을 했다. 세서미 크레딧은 대 출의 대중성, 비용 우위, 편리성, 신뢰성 등의 가치로 소비자 편익을 창출했다.

먼저, 대중성은 공공 기관 데이터 외에도 알리바바 생태 계의 온라인 금융 정보를 활용함으로써 누구에게나 신용 증 진의 기회를 부여했다는 것이다. 세서미 크레딧은 신용 카드 및 온라인 쇼핑 결제, 자금 이체, 자산 관리, 공공요금 연체 여 부, 주택 임대 정보, 이사 기록과 사회적 관계 같은 익명의 온 라인 정보를 활용하는 모두의 신용이다.

둘째, 동일 조건의 다른 대출 서비스보다 비용이 절감 된다. 기존 은행은 고객 신용 정보를 확인하는 데 별도의 비용 이 들었지만, 알리파이낸셜은 자사 고객 정보를 분석하기 때 문에 비용을 절감할 수 있었다. 절감된 비용은 다른 차별화된 서비스에 사용됐다. 고객에게 받는 수수료를 없앤 것이 대표 적이다. 실제로 홈페이지에는 '계약상 약정 이율 외에 어떤 수수료도 받지 않는다'고 명시돼 있다. 또 합리적인 금리를 제시한다. 마이뱅크는 비제도권 금융의 평균 이자 15퍼센트의 절반 수준인 7~8퍼센트의 저리로 대출하고 있다.

셋째, 기존 은행보다 간편한 절차로 편리성을 추구한다. 세서미 크레딧은 앞서 설명한 다양한 신용 평가 기법으로 종합적인 리스크 평가 프로세스를 구현한다. 그 결과 3분의 응용 프로세스, 1초만의 대출 실행, 수작업이 없는 '3-1-0' 온라인 렌딩Online lending 서비스를 제공하고 있다. 수많은 자료를 제공하고 약정서 등 문서를 작성해야 하는 기존 은행과 비교하면, 대출이 이뤄지는 과정을 인식하기도 전에 서비스가 이뤄진다고 볼 수 있다.

특히 은행을 통하지 않고도 간편히 이용할 수 있는 소비 금융이 매력적이다. 950점을 만점으로 600점 이상부터 알리페이에서 소액 대출 상품 찌에베이借呗를 이용할 수 있다. 찌에베이의 하루 이자율은 0.045퍼센트로 점수에 따라 1000위안부터 30만 위안까지 대출 한도를 정하고, 최장 12개월까지 상환 만기일을 설정할 수 있다. 알리바바의 대표적 소비 금융인 마이화베이도 700점 이상이면 5000위안까지 이용할 수 있다. 마이화베이는 선 구매 후 지출 구조로 신용 카드처럼 전자상거래에서 결제할 수 있는 서비스다.

넷째, 평가된 신용의 신뢰성이 높다. 2017년 6월 기준 마이뱅크는 출시 2년 만에 전국 31개 성省·시市에서 350만 중소기업에 총 1971억 위안(한화 약 34조 원)의 누적 대출액을 제공했다. 매출 규모가 급성장했지만 마이뱅크의 부실 채권 비율은 1퍼센트 이하였다.[20] 같은 기간 중국 은행권 평균인 1.74퍼센트보다 현저히 낮은 수준[21]으로 세서미 크레딧의 신용 점수가 믿을 만하다는 것을 증명한다. 2017년 마이뱅크는 중국의 유력한 신용 등급 평가기관 신시지新世紀로부터 AA+ 등급을 획득했다.

세서미 크레딧의 신용 점수는 직접적인 금융의 영역을 넘어 신용의 가치를 생활 곳곳에 심은 신개념 금융 비즈니스를 창출하고 있다. 세서미 크레딧 신용 점수는 언제든지 모바일을 통해 개인이 직접 확인할 수 있다. 오늘날 중국인들은 소소한 일상 속에서 신용의 가치를 느낀다. 신용의 중요성을 깨우친 중국인들은 24시간 모바일 사회를 살며 신용 관리에 여념이 없다. 950점을 만점으로 600점 이상이면 오포ofo 등의 공유 자전거 대여 서비스를 보증금 없이 이용할 수 있으며, 650점 이상이면 차량 렌탈 서비스 보증금 면제와 무료 택시 호출 서비스의 혜택이 있다.

세서미 크레딧은 이 밖에도 범사회적인 신용의 가치를 부여한다. 대표적으로 신분을 보장하는 역할이 있다. 신용 등급이 여권 발급 허가와 특정 국가 비자 발급의 기준이 된다. 예컨대 신용 점수 700점 이상이면 싱가포르 무비자 입국을 허용하고, 750점 이상이면 유럽 비자 취득이 가능하다.

최근 등장한 부동산 금융 플랫폼에서는 알리페이 기반의 온라인 임대 주택 플랫폼으로 신용도에 따라 최대 무보증금으로 주택 임대차 계약을 맺을 수 있다. 핵심은 임대인, 임차인, 부동산 업계 관계자를 모두 연결해 평가하는 신용 평가 시스템이다. 계약에 참여하는 모든 이의 신용도를 평가한다는 점에서 부동산 금융의 건전한 발전을 견인하고 있다.

세서미 크레딧이 범사회적인 신용의 가치로 확장된 데에는 중국 정부의 의지가 반영되어 있다. 세서미 크레딧의 평가 요소에는 사회적 관계뿐만 아니라 공안 및 공공 기관의 자료에서 추출한 준법정신과 성실성도 포함된다. 중국 정부는 2020년까지 이러한 정보들이 유기적으로 통합된 신용 정보 플랫폼을 구축하고, 사회 신용 체계를 확립하는 것을 목표로 하고 있다.

그 중심에서 '모두의 신용' 세서미 크레딧은 플랫폼 시대의 금융 환경을 확장해 '신용을 자산으로To turn trust into wealth'라는 비전을 소비자와 함께 만들어 가고 있다.

핀테크 기업과 당국의 공조

2015년 1월 5일, 중국 최초의 인터넷 전문 은행 위뱅크가 설립됐다. 지점 없는 이 은행의 최대 주주는 중국의 3대 ICT 기업 중 하나인 텐센트였다.

2013년 중국 선전에서 열린 WE대회[22]에서 텐센트의 회장 마화텅馬化騰은 '인터넷 플러스Internet Plus'라는 개념을 처음 내놓았다. 인터넷에 임의의 산업 X를 대입하면 새로운 융합 서비스 Y가 된다는 의미로, 인터넷과 모든 산업을 연결해 산업의 경계를 허물고 인터넷 경제와 실물 경제의 융합 발전 체제를 구축하겠다는 것이다.

텐센트는 매년 3월 열리는 중국의 정치 행사인 양회(兩會·전국인민대표대회와 전국인민정치협상회의를 통칭)에서 인터넷 플러스 구상이 국가 주요 사업으로 공식 채택되게 하는 데 전력을 기울였다. 양회에서 공식 채택된다는 것은 중국 정부의 향후 정책이 인터넷 플러스를 중심으로 구성된다는 것을 의미한다.

텐센트는 당국의 정책에 협력하는 방안을 택했다. 중국 은행감독관리위원회가 국영 은행과 지급 결제 서비스 기반의 핀테크 기업 간 협업 의지를 표명하자마자 국영 은행과 업무 협약을 체결했다. 민간 핀테크 기업과 국영 은행이 금융 서비스를 제공하는 과정에서 필요한 고객 정보를 공유하도록 한

이 협약은 중국 정부의 핀테크 육성 의지가 담긴 정책이기도 했다. 텐센트는 고객 정보를 공유하며 금융 당국과의 관계를 긴밀히 조성해 나갔다.

지급 결제 업무로 시작된 텐센트와 당국의 공조는 위뱅크가 설립되며 더욱 강화되었다. 리커창 총리는 위뱅크 출시 기념행사에서 첫 번째 고객이 되는 퍼포먼스를 선보였다. 중국 정부 최고위층 관료가 민간 기업의 신규 사업 발표 행사에 참석한 것은 당국의 지지도를 가늠할 수 있는 지표다.

2015년 3월, 텐센트의 인터넷 플러스 구상이 양회의 업무 보고에 공식 채택된다. 텐센트의 정부 정책에 대한 협조와 중국 당국의 '제도권 밖 금융'에 대한 고민이 맞물린 결과였다. 그동안 중국은 사회주의 체제 유지와 경제 성장이라는 두 가지 목표를 동시에 달성하기 위해, 국영 은행을 중심으로 자본 시장을 유지했다. 그 결과 중국은 금융 소비자의 절대 다수가 신용 정보 자체를 갖고 있지 않은 NFTF No File-Thin File 사회가 되었다. 정규 은행 대출을 받을 수 있는 중국인의 비율이 19퍼센트 정도밖에 되지 않았다.[23]

모든 경제 활동이 신용을 바탕으로 이뤄지는 시대에 중국에서는 신용 사회에 대한 개념조차 희박했다. 신용 정보가 부족한 사회에서 신용 카드도 확산될 수 없었다. 그러나 시장 경제가 요구하는 제도권 밖 금융 수요는 막대했다. '그림자 금융' 태동의 이유다. 그림자 금융은 은행과 비슷한 기능을 하지만 엄격한 건전성 규제를 받지 않는 금융 기관과의 거래를 말한다. 음지의 돈이라 인식되는 사채와 신탁 회사가 대출 채권으로 만든 자산 관리 상품 등이 여기 속한다. 은행의 높은 대출 문턱은 조달 경로도 알 수 없고 기업의 재무제표에도 남지 않는 사채 유통을 폭증시켰다. 높은 금리를 찾아 제도권 밖 대출 채권으로 몰려든 투자금은 꼬리에 꼬리를 물고 연쇄 부실의 위험을 가중시켰다. 부작용에도 불구하고 제도권으로부터 소외된 80퍼센트 중국인의 필요에 의해 탄생한 그림자 금융은 규모조차 파악하기 어려웠고, 중국 정부의 고민거리가 되었다. 이런 상황에서 텐센트는 낙후된 중국 금융 인프라와 첨단 금융 산업 사이의 간극을 좁혀 갈 방안을 모색하기 시작한다.

중국 플랫폼 경제의 시작, 위챗

출장 차 홍콩으로 떠나는 첸 씨는 비행시간에 맞추기 위해 디디추싱(滴滴出行) 앱에 접속해 택시를 불렀다. 이동하는 택시 안에서 잠시 짬을 내어 모멘트(moment)로 친구들과 일상을 교류했다. 러시아워에 걸려 아슬아슬하게 공항에 도착했지만 위챗으로 미리 홍콩 통행증 수속을 밟아 둔 덕분에 무사히 출장길에 오를 수 있었다.

현지에 도착해 만난 바이어와 인사를 할 때는 명함을 주고받는 대신 서로의 QR코드를 스캔해 위챗에 친구 등록을 했다. 위챗을 이용하면 귀국 이후에도 업무 관련 연락을 하기가 편하다. 일정을 마치고 피곤해진 첸 씨는 호텔 방에서 저녁을 해결하기로 하고, 위챗 공중계정(公众号)으로 식사를 배달시켰다. 식사를 하던 중 출장 준비로 정신이 없어 자녀에게 용돈을 주는 것과 아파트 공과금을 내는 것을 깜빡했다는 것을 깨닫고는 식사를 하며 위챗 송금 기능을 이용해 돈을 보냈다.

텐센트의 중국명 텅쉰滕讯은 '강력한 메신저'라는 의미다. 텐센트는 핀테크 기업이기 전에 모바일 메신저 위챗으로 중국 대륙을 평정한 국민 메신저 기업이다. 2018년 1월 중국 광저우에서 열린 '2018 위챗 오픈 클래스 프로'에서 공개한 위챗 월간 활성 이용자 수는 9억 9000만 명이 넘는다. 2018년 중국 인터넷 네트워크 정보 센터CNNIC가 중국 내 네티즌 수를 7억 7200만 명으로 추산하고 있는 것을 감안하면[24] 중국의 거의 모든 인터넷 이용자가 위챗을 사용하는 셈이다.

대체 위챗이 무엇이기에 중국 소비자들을 사로잡은 것일까? 그리고 메신저 서비스와 핀테크 서비스 사이에는 어떤 상관관계가 있기에 메신저 서비스 기업이 금융 서비스까지 확장할 수 있었을까?

'커넥팅 에브리싱connecting everything'을 표방하는 위챗의 DNA는 온라인상의 소통을 넘어, 경제 활동을 포함한 세상의 모든 것들을 연결하는 데 목적을 둔다. 위챗과 연동된 플랫폼 중 가장 눈에 띄는 것은 교통수단 공유 플랫폼이다. 중국의 우버Uber라 불리는 디디추싱은 차량 호출 서비스로, 택시를 잡는 것부터 결제까지 모두 위챗 안에서 몇 번의 버튼 클릭으로 진행할 수 있다. 렌터카 기능을 모바일로 옮긴 카투쉐어링 car2sharing 역시 예약부터 주행, 결제까지 위챗 안에서 원스톱 one-stop으로 구현이 가능하다. 뿐만 아니라 자전거 공유도 위챗 안의 오포라는 앱을 클릭하면 이용할 수 있다. 모든 교통수단이 위챗 접속으로 시작되는 것이다.

이밖에도 중국 2대 전자상거래 플랫폼 징둥京东, 항공권·기차표·버스 예약, 식당·영화·호텔 예약, 음식 배달 등 일상은 물론, 개인, 기업, 언론 매체, 공공 부문, 기타 비영리 단체까지 위챗은 사회 활동 영역 전반을 연결한다. 이를 위해 텐센트는 기업이나 단체가 위챗 안에 공중계정을 개설해, 친구로 등록되지 않은 위챗 이용자를 상대로 마케팅을 진행할 수 있도록 만들었다. 위챗의 공중계정은 기업이 모바일 플랫폼에서 마케팅 활동을 벌일 수 있는 일종의 미니홈피다. 친구로 등록한 팔로워에게는 이벤트 광고나 상품 정보가 노출된다. 홍보가 절실한 기업과 단체는 9억 이용자 네트워크의 영향력에 빨려 들 수밖에 없었다. 텐센트는 최소한의 비용으로 가장 많은 소비자와 연결되는 공중계정으로 기업들의 파트너 등록을 유도한다. '2017년 위챗 데이터 보고서'에 의하면 위챗 공중계정 1200만 개 중 월간 활성 공중계정이 350만 개에 달한다. 또한 7억 9700만 명의 월간 활성 팔로워가 위챗 공중계정을 최신 소식을 접하는 수단으로 활용하고 있다.

기업의 공중계정이 기업과 소비자를 연결했다면, 2016년 4월 출시된 기업위챗企業微信은 기업 내부자들의 연결망이다. 인사 관리, 정보 공지, 생산 관리, 판매·유통 채널 및 재고 관리 등 경영에 필요한 업무가 기업위챗에서 구현된다. 임직원은 기업위챗에서 사무용 전화, 화상 및 채팅 회의, 구매 입찰, 정보 교환, 실적 확인 등 시공간의 제약 없이 업무를 볼 수 있다.

기업위챗은 산업의 업-다운 스트림(Up-down stream·제품 기획부터 생산·마케팅·판매 및 유통까지 완전한 체인을 이룬 산업의 수직 계열화)을 연결하는 플랫폼이기도 하다. 위챗 내장 앱은 아니지만 공중계정과 연동해 이용할 수 있어 기존 위챗 이용자와 직접 연결된다. 기업은 이용자의 제품 선호도와 수요 예측은 물론이고 생산 과정 및 재고 운영 관리까지 위챗으로 처리한다. 제조부터 최종 소비와 피드백을 통한 마케팅 전략 재수립의 전 과정이 '기업위챗-공중계정-개인 계정'으로 이어지는 위챗 안에서 이루어지는 것이다. 이는 위챗의 '커넥팅 에브리싱' 전략에서 빼놓을 수 없는 요소다. 텐센트 산하 연구 기관인 펭귄 인텔리전스企鹅智酷 자료에 따르면 위챗에 추가한 친구는 대부분 업무에 관련된 사람으로, 이용자의 80퍼센트가 업무를 보기 위해 위챗에 접속하고 있다.

이러한 추세 속에서 2017년 1월, 텐센트는 기업과 소비자를 연결하는 가장 확실한 혈관인 샤오청쉬小程序를 위챗에 장착했다. 샤오청쉬는 소비자가 앱을 다운로드하지 않아도 위챗 연동 서비스를 통해 다양한 앱을 사용할 수 있도록 하는 위챗의 새로운 메뉴다. 기업들이 자사의 미니앱을 샤오청쉬에 등재하면, 위챗 고객은 샤오청쉬에 들어가 원하는 앱을 별도의 설치 없이 이용할 수 있다. 마케팅 활동이 필요한 서비스 플랫폼들과 고객들을 연결하는 통로 역할을 텐센트가 맡은 셈이다. 기업을 비롯한 민간단체, 정부 기관 등은 샤오청쉬를 통해 위챗의 GPS, 위챗페이 등 텐센트의 오픈 API(Application Programming Interface · 운영 체제의 기능을 누구나 제어할 수 있게 만든 인터페이스)를 활용할 수 있다. 뿐만 아니라 기존 위챗 이용자에게 자동으로 홍보하는 효과를 거둬 고객 유치 비용을 절감할 수 있다. 2018년 1월 샤오청쉬에 등록된 앱은 서비스 개시 1년 만에 58만 개를 기록했고, 일평균 활성 이용자 수도 1억 7000만 명에 달했다.[25]

양회에서 마화텅 회장의 인터넷 플러스 구상이 천명된

만큼, 텐센트의 인터넷 사회 건설에 공공 부문 서비스가 포함되는 것은 당연한 수순이었다. 텐센트는 위챗에 교통국과 시청 등 공공 서비스를 옮겨 왔다. 위챗 이용자들이 서비스 설정 화면에서 거주 지역을 입력하면 해당 지방의 공공 서비스 기능을 이용할 수 있다. 병원 방문 예약, 교통량 측정 카메라, 교통 범칙금·공과금·세금 납부, 장거리 교통수단 예약, 공기 청정도 측정, 사건 신고, 자동차 등록증 갱신, 혼인 신고, 출생 신고 등 거의 모든 공공 민원 서비스를 위챗에서 해결할 수 있다. 중국 시안西安의 경우 온라인으로 범칙금을 납부하는 사람의 95퍼센트가 위챗을 이용한다.

2014년까지 상하이, 광저우, 선전 등 주요 경제 도시에 국한되었던 '텐센트-지방 공공 서비스 제휴'는 위챗 이용자의 증가와 함께 전국으로 확대됐다. 2017년 6월 말 기준 362개 도시가 텐센트와 제휴해 3억 3000만 명의 이용자들이 공공 기관에 직접 방문하지 않고도 업무를 보고 있다.

위챗은 기업에는 마케팅 채널이자 상점이고, 공공 기관에는 원스톱 민원 창구이며, 언론에는 정보 전달 통로다. 그리고 개인에게는 모든 생활 서비스로 통하는 관문이자 창업 공간이다. 거대한 연결의 시작인 위챗은 플랫폼 경제의 한 축이다.

플랫폼은 공급자와 수요자가 얻고자 하는 가치를 공정한 거래를 통해 교환할 수 있도록 구축된 환경이다.[26] 플랫폼의 원뜻이 승강장이라는 것을 기억하면 이해가 쉽다. 대중교통과 승객이 만나는 거점인 플랫폼은 저마다의 목적지를 향하는 사람으로 늘 붐빈다. 그래서 플랫폼에는 상점도 많고, 먹거리도 다양하다. 전광판과 벽면에는 각종 광고가 걸려 있고, 전단지를 나눠 주는 아르바이트생도 상주한다. 플랫폼은 단순히 교통·물류의 역사를 넘어, 소통의 공간이자 다양한 가치 교환의 장이다. 누군가의 특별한 노력이 없어도, 마케팅이 없어도, 사람들로 북적인다.

온라인 플랫폼도 마찬가지다. 시공간의 제약 없이 전 세계 인구가 접속할 수 있는 인터넷 플랫폼은 공급자와 소비자처럼 이해관계자들이 다양하게 연결되면서 가치를 창출한다. 모바일 플랫폼에서 수많은 광고를 접하고 전자상거래를 하며 정보를 공유한다. 일일이 열거하기 힘들 정도로 다양한 사회 구성원들이 플랫폼 안에서 유기적으로 연결되어 있다.

플랫폼 경제는 이처럼 인터넷 네트워크를 기반으로 한 곳에 모인 참여자들이 상호 작용하며 만들어 가는 경제 생태계다. 플랫폼 안에서 연결된 모든 경제 활동의 주체는 디지털 금융 거래의 가치 사슬에 노출되어 있다. 온라인 플랫폼에서 거래를 하기 위해서는 핀테크 전자 결제 시스템을 이용해야 한다. 텐센트 핀테크의 토대가 위챗인 이유다.

무현금 사회의 중심 위챗페이

위챗페이는 2013년 하반기에 출시되었다. 이미 시장을 80퍼센트 이상 장악하고 있던 알리바바의 알리페이를 무서운 기세로 추격해 3년 만에 알리페이의 시장 점유율 37퍼센트를 앗아갔다. 오프라인 모바일 결제 규모는 이미 알리페이를 앞지른 상태다. 이용자 경험이 알리페이에 집중된 상황에서 위챗페이는 어떻게 단기간에 시장에 파고들 수 있었을까?

위챗이 온 국민의 삶에 녹아든 상황이라는 것을 인지하면 답을 찾기가 쉽다. 중국의 대표 통신사 차이나유니콤ChinaUnicom에 의하면, 2018년 주간 활성 이용자 수 전환율 및 주간 앱 접속 빈도 기준 중국 내 1위 앱은 위챗이다. 월간 활성 이용자 수도 무려 9억 9704만 명에 달한다. 같은 조사에서 알리바바의 알리페이는 4위에 그쳤다.[27] 통계로 알 수 있듯 위챗은 중국인이 가장 많이 접속하고 또 오래 머무는 메신저 플랫폼이다. 지금 이 순간에도 수많은 중국인의 손가락이 위챗 플랫폼을 터치하고 있다. 메신저, 온라인 쇼핑, 택시 호출 등 목적은 달라도 방법은 위챗 접속 하나다. 반면 알리바바는 전자상거래를 주 사업으로 하기 때문에 결제가 필요할 때를 제외하고는 앱에 접속할 일이 없다. 이용자들은 게임을 할 때도, 업무를 볼 때도 위챗을 이용하며 그 안에서 자연스럽게 지갑을 열었다.

텐센트는 위챗페이를 만들 때도 모든 것을 연결한다는

기본 구상에 충실했다. 가맹점이든 소비자든 모두가 위챗 이용자인 만큼 위챗은 쌍방 결제의 모든 가능성을 담았다. 오프라인에서 가맹점은 소비자가 생성한 스마트폰 QR코드를 리더기로 스캔해 결제할 수 있다. 소비자도 결제할 금액을 스스로 입력하고 가맹점의 QR코드를 스캔해 결제할 수 있도록 했다. 가맹점들은 단지 QR코드 종이를 계산대에 거는 것만으로도 위챗페이를 이용할 수 있다. 단말기, 스캐너 구입 등에 들어가는 초기 비용이 없기 때문에 길거리 노점상까지 모바일 결제 환경으로 빠르게 흡수되었다. 온라인 PC 환경에서는 인터넷 상점이 생성한 QR코드를 소비자가 스캔해 결제할 수 있고, 모바일에서는 위챗으로 연동된 앱은 물론, 결제가 필요한 수많은 앱에서 위챗페이 비밀번호 입력 하나로 수 초 안에 결제할 수 있다.

위챗페이는 기술적 편리함에 경제적 편익까지 더하며 가치를 극대화했다. 다양한 할인 혜택은 위챗페이의 주무기다. 소비자가 매장의 와이파이에 접속하면 매장 공중계정에 자동 연결돼 쿠폰을 발급받을 수 있다. 쿠폰은 위챗으로 발급되기 때문에 혜택을 받으려면 위챗페이를 사용할 수밖에 없다.

할인 중 가장 큰 이벤트는 단연 '88 무현금일' 행사다. 8월 1일부터 8월 8일까지를 현금 없는 날로 지정하고, 기간 내 위챗페이를 사용하면 파격 할인, 상품권 증정, 페이백, 소비 보조금 등의 혜택을 제공한다. 2015년 8만 개 오프라인 매장이 참여했던 텐센트의 무현금일 이벤트는 1년 만에 70만 개의 매장이 참여하는 행사로 성장했다.[28] 2017년에는 100만 개 규모의 매장이 참여했다.[29] 주중에 결제 금액 일부를 적립해 두었다가 주말에 결제할 때 적립금으로 사용할 수 있는 간접 할인 혜택도 있다. 같은 물건을 사도 더 많은 혜택이 있는 위챗페이를 이용하는 것은 당연한 일이다.

위챗페이는 가맹점 입장에서도 매력적이다. 텐센트는 가맹점 수수료를 기존 은행 수수료의 3분의 2 수준인 0.6퍼센트로 낮춰 가맹점의 이익을 보장했다. 현금과 신용 카드로 결제할 때보다 간편한 방식으로 고객이 계산대에 머무는 시간을 줄이고, 편안한 쇼핑 공간을 만들어 매장을 효율적으로 운영할 수 있도록 돕는다.

여기까지만 보면 다른 모바일 지급 결제 플랫폼과 큰 차이가 없어 보인다. 그러나 위챗페이의 진가는 다른 플랫폼과는 차별화된 거대 마케팅 채널, 위챗에서 드러난다. 텐센트는 위챗페이를 이용해 결제한 소비자의 위챗 계정을 해당 매장의 공중계정에 자동 팔로우해 준다. 번거로운 소비자의 팔로우 신청 과정이 생략된 것이다. 소비자가 스타벅스 매장에서 위챗페이로 결제하면, 스타벅스의 공중계정이 자동으로 친구로 추가된다. 상품 홍보를 위해 더 많은 소비자에게 닿을 수 있는 방안을 모색하는 것은 기업 입장에서는 필수다. 기업이 위챗페이를 선택하는 이유다.

처음 위챗페이가 출시되고 복잡한 IT 기술이 기존 금융 서비스를 대체한다고 했을 때, 텐센트 역시 개인 정보 유출과 민간 기업 불신 등의 우려를 피해 갈 수 없었다. 2016년 7월 비은행 결제 기관 온라인 결제 업무 관리 방안에 따른 실명 인증제가 시행됐을 때 금융 시장에서는 다수의 이용자가 위챗페이를 탈퇴할 것이라 전망했다. 이용자가 텐센트에 맡겨야 하는 개인 정보가 상당했기 때문이다. 하지만 결과는 정반대였다. 이용자의 95퍼센트가 시행일 이전에 이미 실명 인증을 완료했다. 해킹이나 민간 기업의 금융 보안 시스템에 대한 우려보다 위챗페이 없는 생활에 대한 두려움이 더 컸던 결과로 해석할 수 있다.

위챗페이는 중국 무현금 사회의 중심에 있다. 중국에서 위챗페이를 사용해 보지 않은 사람은 있어도 한 번만 사용한 사람은 없다고 할 정도다. 위챗 고객 중 84퍼센트는 현금 없이 스마트폰만 들고 외출하고 있으며 위챗페이의 하루 평균 결제 건수는 6억 건이 넘는다.[30]

텐센트는 홍바오紅包를 모바일로 들여오며 핀테크 서비스 확장에 박차를 가했다. 홍바오는 붉은색 봉투에 '복福', '재財'와 같은 행운의 말을 적고, 세뱃돈과 축의금을 넣어 주는 중국의 오랜 전통이다. 위챗에서 홍바오를 보내는 절차는 매우 간단하다. 신년홍바오新年红包 공중계정에 접속해 홍바오 금액을 정하고 신년 인사 메시지를 담아 원하는 사람에게 위챗페이로 발송하면 된다. 수신자가 홍바오를 수락하면 해당 금액은 위챗 계좌와 연동된 은행 계좌에 입금된다.

모바일로 홍바오를 송금하는 행위가 인터넷 서비스 기업에게 주는 특별한 가치는 무엇일까. 홍바오는 전통 풍속이기 이전에 돈이다. 모바일을 통해 돈을 주고받으려면 반드시 은행 계좌가 필요하다. 그래서 홍바오를 이용하고자 하는 사람은 은행 계좌와 위챗 계좌를 연동해야만 한다. 위챗으로 은행 계좌가 들어오고, 현금이 입금된다는 것은 텐센트가 핀테크 금융업을 확장할 수 있는 좋은 기회였다. 위챗 이용자가 10억 명이라면 단 1퍼센트만 홍바오를 사용해도 1000만 개의 계좌를 개설하는 효과를 볼 수 있다는 것이다. 이 계좌들은 위챗페이, 각종 재테크 상품 가입, 대출 신청 계좌 등 금융 플랫폼으로 연동되어 핀테크 서비스를 확장한다. 텐센트가 홍바오에 몰두하는 이유다.

텐센트는 홍바오 서비스의 활성화를 위해 재미있는 기능을 하나 추가했다. 바로 수령액 복불복 시스템이다. 홍바오를 받는 사람은 수락 버튼을 누르기 전까지 안에 담긴 금액이 얼마인지 알 수 없다. 홍바오 안에 돈이 얼마나 들었을지 기대

하곤 했던 전통적 홍바오 문화를 그대로 옮겨 왔다고 할 수 있다. 예를 들어 보내는 사람이 총 100위안을 10명에게 보낸다고 할 때, 10명이 받는 금액은 각자 다르다. 보낸 사람은 100위안을 보냈지만 받는 사람 10명은 각각 10위안이 아니라 복불복으로 금액을 수령하게 된다.

그래서 중국인은 모바일 홍바오를 수락할 때 복권 당첨을 기다리는 것과 같은 묘한 기대감을 갖는다. 시간차를 얼마나 두고 수락 버튼을 누르느냐에 따라 금액이 달라지기 때문에 홍바오를 받으면 눈치작전이 벌어진다. 중국인이 좋아하는 도박적 요소를 간파한 텐센트는 홍바오 출시 첫해, 위챗 이용자 800만 명 이상의 참여를 이끌어 내며, 4000만 건의 수취와 4억 위안(한화 약 697억 원)의 거래액을 기록했다. 성장세는 더욱 놀랍다. 영국 BBC는 2016년 춘제春節에 5억 1600만 명이 80억 8000만 개의 홍바오로 320억 위안(한화 5조 3500억 원)을 송수신했다고 보도했다. 2017년에는 또다시 최고치를 경신하며 전년 대비 76.5퍼센트 증가한 142억 개의 홍바오가 전송되었다.[31]

홍바오는 금융의 잠재 수요를 확보해 모바일 결제를 통한 전자상거래 시장을 선점하고 재테크 상품 가입을 유도하는 등 텐센트가 핀테크 기업으로 약진하는 토대를 마련했다. 텐센트가 모바일 결제 시장에 진입하고, 중국 내 핀테크 2강

구도로 등극하는 데 결정적인 역할을 한 것이다. 위챗이 홍바오로 돌풍을 일으킨 첫해인 2014년, 알리바바의 마윈은 "텐센트에게 진주만 기습을 당했다"며 쓰라림을 표현하기도 했다.

중국 최초의 블록체인 은행, 위뱅크

선전은행감독관리국으로부터 은행업 허가증을 취득한 텐센트는 그동안 확장해 온 핀테크 서비스를 하나로 통합한 중국 최초의 인터넷 전문 은행 위뱅크를 설립한다. 은행업의 특성상 서비스를 제공하고 그에 따른 수익 모델을 설계하기 위해서는 반드시 고객의 신용 정보가 필요하다. 텐센트는 기존 은행들이 가지고 있지 않은 국민의 신용 정보를 가지고 있었다. 텐센트는 이를 바탕으로 금융 당국이 해결하지 못했던 신용 사회 인프라 구축을 책임지게 됐다. 고객 정보는 소비자가 원하는 금융 서비스를 제공하고 금융 상품을 개발할 수 있는 좋은 재료가 된다. 1999년 PC 기반 메신저 QQ 시절부터 텐센트가 누적한 데이터는 중국인 대다수의 정보라고 봐도 무방하다. 위챗의 월간 활성 이용자 수만 해도 9억 명이 넘는다. 위뱅크는 고객 정보라는 확실한 우위를 점하고 본격적인 신용 관리 시스템 구축에 들어간다.

　　제도권 밖 금융으로 골머리를 앓고 있던 당국은 텐센트 크레딧Tencent credit을 포함한 총 8개의 민간 신용 정보 업체에

중국인민은행의 고유 영역이었던 신용 정보 등의 조회 권리를
부여했다. 당국의 협조로 텐센트는 중국인민은행의 고객 신용
정보와 중국 공안의 통계 자료까지 활용할 수 있게 되었다. 그
동안 금융 당국이 시행했던 고객 신용 평가는 대출 관련 기록
여부, 자산 관리, 온라인·모바일 뱅킹 사용 여부, 상업적 시설
이용 내역 등을 포함한 평가자 실적이 조사되는 시스템이었다.

그러나 위뱅크는 텐센트가 자체적으로 보유한 빅데이터
시스템인 TD BANK를 통해 40조 개에 달하는 자사 고객 정보
를 바탕으로 신용도를 평가한다. TD BANK가 수집하는 데이
터는 온라인 활동, 가상 자산, 소비 패턴, 구매 활동, 소셜 네
트워크상의 교류, 공적 신용 정보, 온라인 채팅 대화 내용, 온
라인 친구 관계까지 포함하고 있다. 위챗페이 결제 내역, SNS
교류, 웨이상·홍바오 거래 내역, 리차이퉁 가입 현황 등 신용
평가에 활용되는 빅데이터는 텐센트 경제 생태계 안에서 자
동으로 수집·저장·분석된다. 위뱅크는 이렇게 분석한 자료
를 기반으로 소비자에게 신용 등급을 부여한다. 텐센트의 신
용 정보 수집은 여기서 한 발 더 나아간다. 신용 등급을 부여
받은 소비자가 위뱅크에서 활동한 내역은 또 다시 신용 정보
가 되어 적층 가공된다. 이른바 신용 순환 모델로, 텐센트 경
제 생태계 안에서 소비자가 스스로 신용을 만들고 증진시킬
수 있는 시스템을 구축했다. 일상생활 속에서 자연스럽게 축

적된 빅데이터를 신용 정보로 재가공하는 것이다.

위뱅크는 이러한 데이터를 분석해 소비자가 원하는 금융 서비스를 도출하고 그에 맞는 금융 상품을 개발한다. 기존 인터넷 뱅킹 서비스가 은행 업무를 일부 지원하던 것과 달리 소비자의 온라인 활동 데이터를 근거로 금융 업무의 가치를 높인 것이다.

빅데이터를 활용한 위뱅크는 기존 은행의 대면 대출 방식을 온라인 비대면 방식으로 바꿔 놓았다. 그러면서 신용이 보장되지 않은 학생도, 경력이 단절된 창업 준비생도 금융 서비스를 활발히 이용할 수 있게 했다. 기존 은행에서는 신용이 보장된 직장인조차 대출을 받기 위해 상당한 시간을 할애해야 하는데, 위뱅크에서는 클릭 한 번으로 몇 분 만에 신용 평가와 대출이 이뤄진다. 손 안에 은행을 쥐고 다니는 셈이다.

텐센트 플랫폼 경제 생태계 속에서 신용 순환 모델을 활용하는 방법을 택한 위뱅크는 자체적으로 중국 초유의 인터넷 신용 사회를 구축할 수 있었다. 신용 순환 모델에서 가장 두드러진 특징은 국민 메신저에 걸맞게 SNS 데이터 분석을 통한 신용 평가 기법을 활용한다는 점이다. 기존 은행이 상환 능력만 평가했다면, 위뱅크는 여기에 상환 의지까지 평가한다. 상환 의지는 홍바오 교환량, 의사소통 패턴, 친구와의 친밀도 및 관계 지속력 등 SNS상의 디지털 흔적들로 측정한다.

다년간 쌓인 데이터이기 때문에 조작할 수도 만들어 낼 수도 없다. 왜곡할 수 없는 신용 평가의 기회가 주어지는 것이다. 기존 은행이라면 고객이 자신의 상환 의지를 아무리 설명해도 푸념으로밖에 듣지 않겠지만, 위뱅크는 심리적 영역까지 신용 평가의 기준으로 삼는다.

2015년 4월 출시된 웨이리따이微粒贷는 자체적인 신용 평가 기술로 제공되는 무담보 소액 대출 상품이다. 디지털 신용에 의한 민간 금융을 실현한 웨이리따이는 지점 없는 인터넷 전문 은행으로서 기존 은행과는 다른 차별화된 서비스를 제공한다. 철저한 무담보·무서류 원칙으로 누구나 쉽게 이용할 수 있다는 점은 웨이리따이의 최대 장점이다. 위뱅크는 위챗의 모체인 QQ의 QQ 전자 지갑과 위챗 플랫폼을 통해 접근할 수 있어 별도의 가입 절차가 필요하지 않다. 복잡한 담보나 보증 서류 없이 모바일로 접속해 대출을 신청하면 5초 만에 대출 한도가 책정되고 1분 만에 대출을 받을 수 있다.

웨이리따이는 기존 은행이 포용하지 못한 개인 소액 대출 시장을 파고들었다. 대출 가능 규모는 최소 500위안(한화 약 9만 원)부터 최대 30만 위안(한화 약 5100만 원)까지이며, 한 번에 최대 4만 위안(한화 약 680만 원)까지 가능하다. 웨이리따이가 위뱅크의 수익 구조를 탄탄히 하는 동시에 금융의 민주화를 실현했다는 평가를 받는 이유다.

합리적인 계약 조건도 특장점이다. 2017년 홈페이지에 공시된 위뱅크 대출 기준 금리를 보면, 만기 상환 1년 이내 4.35퍼센트, 5년 이내 4.75퍼센트로 비제도권 업체들의 민간 시중 금리 15퍼센트에 비해 확연히 낮다. 또 이자가 일할日割로 계산되고 중도 상환 수수료가 없어 자금에 여유가 생길 때마다 원리금을 상환할 수 있기 때문에 부담도 적다. 파격적인 대출 계약 조건은 신용 순환 모델로 적립된 자체 신용 평가 체계 덕분이다. 위뱅크는 소비자가 대출을 신청하기도 전에 신용 등급을 알고 있다. 저금리와 수수료로 차별화된 위뱅크만의 대출 서비스를 보편화할 수 있는 이유다.

　　텐센트는 세상 모든 것을 연결한다는 기본 구상을 위뱅크에서도 이어 갔다. 위뱅크가 출시될 무렵 중국은 전국의 은행 수가 세 자릿수에 그칠 정도로 금융 인프라가 열악했다. 위뱅크는 소비자와의 물리적 연결이 필요했던 도심 외곽 은행에 위챗 생태계를 제공함으로써 이를 극복했다. 위챗과 제휴를 맺은 은행은 서비스 도달 범위를 위챗 사용자로 확대할 수 있었다. 은행과 사용자를 연결하는 플랫폼은 위챗이, 신용 평가에 필요한 사용자 데이터는 위뱅크가 제공했다. 그 결과 그동안 고객 정보가 부족했던 도심 외곽의 중소 은행들도 위뱅크를 활용해 개인 고객을 위한 소액 대출 상품 실적을 올릴 수 있게 되었다. 위뱅크도 소비자와 금융 서비스를 연결해 주는 대가로 수수료를 받으며, 전국의 중소 은행들과 경쟁 대신 전략적 제휴라는 상생의 길을 택했다.

위뱅크는 자체 대출 상품을 내놓을 때도 중소 은행과 협력했다. 대출 총액의 20퍼센트를 위뱅크가 출연하고, 나머지 80퍼센트를 중소 은행들의 크라우드 펀딩 방식으로 조달받았다. 이러한 전략은 1차적으로는 위험을 분산시킬 수 있고, 2차적으로는 은행과의 협력을 강화하면서 서로 이득을 취할 수 있다는 장점이 있다.

중소 은행들이 위뱅크 플랫폼을 중심으로 연합하는 이유는 효율적인 수익 창출이라는 이점도 있지만 ICT에 기반을 둔 빠르고 정확한 업무 처리 과정에 끌렸기 때문이다. 위뱅크는 은행과의 협업 과정에서 블록체인 기술을 활용한 시스템을 중국 은행업 최초로 도입했다. 블록체인은 거래 정보를 중앙이 집중 관리하는 것이 아니라 네트워크 참여자 모두에게 동일한 기록을 남겨 관리하는 분산 장부 기술이다.

한 건의 대출 계약에 여러 은행이 출자하는 경우, 각 은행들이 개별 업무 처리 방침에 따라 거래 장부를 따로 취급하기 때문에 사후 관리가 어려웠다. 대출 금리 산정부터 원리금 상환, 결제·청산까지 한 건의 계약임에도 불구하고 모든 은행의 장부를 비교·확인해야 하는 불편함이 있었다. 위뱅크는 거래 기록에 대한 블록을 생성해 네트워크 내의 모든 참여 은행에 전송하고, 상호 간 정보 검증이 완료된 블록을 암호화하여 장부를 마감하는 분산 장부 기술을 도입했다. 마감된 장부, 즉 암호화된 블록들은 시간순에 따라 체인처럼 연결되면서 보안성을 극대화한다. 장부의 검증과 기록이 모든 네트워크 참여 은행과 함께 실시간으로 이뤄지기 때문에 빠르고 정확하며 안전하다. 2017년 선전은행감독관리국은 위뱅크의 블록체인 시스템에 화루이은행華瑞銀行, 뤄양은행洛阳银行, 창샤은행长沙银行을 비롯한 많은 은행들이 협력하고 있다고 공시하면서 1분기 기준 220만 건의 데이터가 축적됐다고 밝혔다.

2017년 상반기까지 9800만 명의 팔로워를 보유한 위뱅크는 4400만 건의 대출 실적을 올렸다. 대출 규모는 3600억 위안(한화 약 62조 3000억 원)으로, 2016년 신규 위안화 대출 규모인 1조 위안(한화 약 171조 원)의 36퍼센트에 달한다. 웨이리따이가 대부분 5만 위안(한화 약 830만 원) 미만의 소액 대출임을 감안하면 시장에서 매우 빠르게 확산되는 추세다.

2017년 6월 위뱅크는 중국 신용 평가 기관 신시지로부터 민영 은행이 받은 신용 등급 중 최고인 AA+를 획득했다. 신시지는 "위뱅크가 기술력과 인재를 확보하고 있으며 자산 규모 및 영업 이익이 안정적으로 성장하고 있다"고 설명했다.[32] 실제로 위뱅크는 설립 2년 만인 2016년 말 4억 위안(한화 약 683억 원)의 순이익을 올렸다. 뿐만 아니라 2017년 기준 부실 채권 비율도 0.47퍼센트로, 중국상업은행의 1.86퍼센트보다 현저히 낮다. 텐센트가 핀테크 산업을 시작한 지 4년 만의 성과다.

텐센트의 핀테크 금융 혁신은 지금도 계속되고 있다. 2017년 핀테크 발전 포럼에서 위뱅크는 스스로를 조력자라 칭하며, 더 많은 금융 기관과 협력하고 거래 비용을 절감해 차별 없는 금융 서비스를 제공하기 위해 'A+B+C+D' 혁신 전략을 추진하겠다고 밝혔다.[33] 여기서 A는 인공 지능Artificial intelligence, B는 블록체인Blockchain, C는 클라우드 컴퓨팅Cloud computing, D는 데이터Data를 의미한다. 인공 지능으로 진단해 내놓는 최적화된 맞춤형 금융 서비스, 블록체인에 의한 보안 강화, 클라우드 컴퓨팅과 데이터 분석 기술로 구현되는 모든 디지털 흔적을 금융 정보화하는 융·복합 혁신을 보험업, 증권 거래 등 다양한 금융 서비스로 확장한다는 전략이다.

소셜 상거래, 웨이상

전자상거래는 인터넷 기업의 금융업 진출에 있어 필수 자원이다. 전자상거래와 결합한 결제 서비스, 판매 데이터를 기반으로 한 소액 대출 서비스, 표준화된 결제 계좌를 연계한 금융 상품 판매 등 중국 재경위원회가 정리한 핀테크 모델은 모두 탄탄한 전자상거래 플랫폼을 전제로 한다.[34]

텐센트도 QQ왕거우网购, 이쉰왕易迅网 등 전자상거래

플랫폼을 운영하고 있지만, 영향력 면에서 다른 전자상거래 플랫폼에 비해 떨어지는 것은 사실이다. 2012년 중국의 시장 조사 업체 아이리서치iresearch에 따르면, 이 두 플랫폼의 거래 규모를 모두 합쳐도 알리바바의 전자상거래 플랫폼 티몰의 9퍼센트에 미치지 못한다. 이를 극복하기 위해 텐센트는 최대 강점인 SNS를 활용해 웨이상微商이란 이름의 새로운 전자상거래 시장을 개척했다.

웨이상은 텐센트가 제공하는 중국판 트위터 서비스인 웨이보와 위챗 등 SNS 플랫폼을 이용해 제품을 홍보하고 판매하는 신개념 마켓이다. '소셜 커뮤니티 전자상거래'라고 불리기도 한다. 웨이상의 사전적 의미는 아직까지 명확하지 않지만, SNS를 사용하는 모든 네티즌이 사업자가 될 수도 있고, 소비자가 될 수도 있다는 점이 눈길을 끈다. 텐센트는 2017년 4월 개최한 '세계 웨이상 컨퍼런스'에서 웨이상을 소비자·광고주·서비스업자·창업자를 결합한 개념으로 소개했다.

웨이상은 인간관계와 친밀도가 구매로 연결되는 거래 모형으로, 중국의 전통적 꽌시 문화가 모바일 메신저 등 SNS를 통해 실현된 것에서 시작됐다. 관계의 중국 발음인 꽌시는 동일한 집단 내에서는 철저한 신뢰 관계가 형성되지만 집단 외부에 대해서는 매우 배타적인 경향을 띤다. 실용주의를 추구하는 중국인에게 꽌시는 거래의 타당성을 제공해 주는 실마

리라고 할 수 있는데, SNS 공간에서 발현된 집단 지성Collective Intelligence이 거래 당사자들을 꽌시로 연결해 주었고, 그 결과 웨이상의 거래 규모가 확대되었다.

웨이상의 주 활동 무대는 위챗의 모멘트 서비스다. 모멘트는 트위터와 같은 소셜 미디어를 모바일 메신저에 잘 버무린 서비스로 한국의 카카오 스토리와 유사하다. 중국인의 대부분은 모멘트를 통해 근황 사진을 올리거나 일상생활을 공유하며 감정을 교류한다. 펭귄 인텔리전스 데이터가 발표한 2016년 위챗 데이터 보고에 따르면 위챗에 접속할 때마다 이용자들이 모멘트에 방문하는 비율은 61.4퍼센트나 된다. 위챗 이용자의 과반수가 모멘트에 매일 접속을 하고 있다는 사실은 중국인이 꽌시를 얼마나 중시하는지 보여 주는 지표다.

꽌시를 기반으로 한 모멘트는 단순한 사교의 기능을 넘어 거래의 장으로 활용되기 시작했다. 모멘트 안에서 창업을 하고 위챗페이로 결제할 수 있는 시스템을 만들어, 위챗페이로 소비만 하던 이용자들을 웨이상으로 만들었다. 온라인 마켓과 SNS가 통합된 플랫폼에서 소비자들은 제품에 대한 토론, 평가, 소개, 추천 등의 정보를 꽌시인 지인에게 공유했고, 이렇게 형성된 신뢰 관계는 오프라인보다도 빠르게 전파돼 소비 확산으로 이어질 수 있었다.

웨이상은 텐센트 핀테크를 촉진시킨다. 웨이상이 판매

대금을 회수하기 위해서는 위챗에 은행 계좌를 등록해야 한다. 소비자가 웨이상에게 물건을 살 때는 위챗페이를 이용해야만 결제가 가능하다. 이러한 시스템은 위챗페이 신규 은행 계좌 등록을 촉진했고, 모바일 지급 결제 시장의 성장을 더욱 가속화했다. 웨이상을 통해 축적된 자금은 텐센트의 금융업 확장 기반이 됐고, 거래로 쌓인 데이터 자산은 신용 평가에 활용돼 무담보 소액 대출 서비스 최적화의 기반이 됐다.

웨이상을 기반으로 하는 소셜 커뮤니티 전자상거래 활성화의 비결은 가격 경쟁력과 효율적인 마케팅 효과로 집약된다. 한마디로 가성비가 좋다. 기존 전자상거래는 누가 접속할지 모르는 상태에서 광고 화면을 띄운다. 누가 볼지도 모르는 광고 배너에 막대한 돈을 쏟아붓는다. 게다가 입점한 업체는 수수료까지 지불해야 한다. 그에 비해 모멘트는 애초에 거래 대상이 친소 관계에 있기 때문에, 폐쇄적 이용자 그룹 간 정보 공유가 원활하게 진행될 수 있다. 모멘트로 공유된 일상에서 소비자의 취향을 미리 파악하고 상품을 제안하는 것이다. 웨이상이 초기 마케팅 비용을 제로에 가깝게 낮출 수 있었던 이유다. 소비자 입장에서 구매하고자 하는 상품은 웨이상이 이미 사용해 본 상품으로 검증된 것이며, 그런 상품을 소개하는 웨이상 또한 내가 아주 잘 아는 사람이다. 웨이상이 가장 솔직한 정보 전달자라는 인식은 웨이상 성공의 큰 몫을 차지했다.

모멘트에서는 기업이 직접 참여한 소비자 입소문 확산 광고 기법인 버벌 마케팅verbal marketing과 정보 수용자들이 정보를 확산시키도록 유도하는 기업의 간접 광고 기법인 바이럴 마케팅viral marketing이 모두 가능하다. 1차 웨이상인 기업이 소비자이자 판매자인 대리상에게 입소문을 내면, 대리상 즉, 2차 웨이상은 정보 수용자 입장에서 가까운 지인에게 제품을 홍보한다. 모멘트는 이 두 가지 마케팅 기법의 매개체로 SNS를 통한 입소문이 바이러스처럼 퍼지는 데 일조했다. 상품 정보가 파도를 타고 지인의 또 다른 지인에게 확산되면서 소비자끼리 연쇄 소비를 촉진했다. 이렇게 웨이상은 지인 거래라는 신개념 전자상거래 마켓으로 자리를 잡았다.

소셜 커뮤니티 전자상거래는 중국 소비자의 70퍼센트가 이용한 경험이 있을 정도로 소비 트렌드의 한 축이 되었다. '2017년 중국 소셜 커뮤니티 전자상거래와 웨이상 발전 보고'에 의하면, 2017년 웨이상의 총 시장 규모는 6835억 위안(한화 약 114조 원)으로 2016년의 3607억 위안(한화 약 60조 원)에 비해 약 2배 증가했다. 웨이상의 수도 2000만 명이 넘을 것으로 예상된다.

핀테크 투자의 생활화, 리차이퉁

텐센트는 2014년 춘제에 출시한 위챗 훙바오가 대히트를 치면서 많은 은행 계좌와 위챗페이를 연동할 수 있었다. 텐센트는 이 기회를 놓치지 않고 텐센트 최초의 재테크 상품 리차이퉁을 론칭했다. 리차이퉁은 MMF 투자 상품으로, 7개월 앞서 출시된 알리바바의 위어바오에 도전장을 내밀었다.

리차이퉁은 출시 전부터 업계에 논쟁거리를 제공했다. 핀테크 투자 시장의 두 거물이 맞붙었기 때문이다. 막대한 인구 네트워크를 텐센트의 최대 강점으로 보고 향후 리차이퉁이 위어바오를 추월할 것이라는 시각과 리차이퉁이 알리바바의 시장 선점을 꺾을 만한 특별한 무기가 없다고 보는 시각이 엇갈렸다.

리차이퉁이 등장했을 때 이미 위어바오는 가입자 8100만 명, 5000억 위안의 수탁고가 운용되고 있었다. 당시 중국의 주식 투자자가 6700만 명이었다는 것을 감안하면 위어바오의 시장 지배적 지위가 얼마나 공고했는지 알 수 있다. 이런 상황에서 리차이퉁은 출시 첫날 예금액 8억 위안을 넘어서며, 연화수익률(年化收益率·리차이퉁과 위어바오는 매 7일을 기준으로 연간 수익률을 환산해 공지한다) 7퍼센트를 기록했다. 위어바오에게 만만치 않은 적수가 등장한 것이다.

리차이퉁은 제품 출시 전 사전 테스트를 위해 내놓은 베타 버전에서 임시 목표 상한액에 도달하는 데에 채 한 시간도 걸리지 않았다. 신규 재테크 상품이 이러한 성과를 낼 수 있었던 배경에는 위챗이 있었다. 위챗과 연동된 시스템으로 8억 명이 넘는 위챗 이용자가 리차이퉁의 잠재 수요자였기 때문이다. 위챗 안에서 은행 계좌를 리차이퉁과 연동만 시키면 마치 전자상거래 쇼핑을 하듯 원하는 금융 상품을 골라 예치할 수 있다. 이미 위챗페이를 경험해 본 이용자들은 거부감 없이 투자금을 예치했다.

MMF는 기업 채권·어음 내지 국공채에 투자하는 단기 금융 상품인 만큼 수익률이 높으면서도 원금 손실 위험이 낮았다. 여기에 리차이퉁은 핀테크라는 강점을 이용해, 업무 처리 비용의 최소화, 계좌 개설 수수료 및 중도 해지 비용 제거, 빅데이터를 활용한 양질의 포트폴리오 구성 등 기존 오프라인 펀드 시장과는 차별화된 서비스로 3~4퍼센트대의 수익률을 유지했다. 기존 은행 금리가 1~2퍼센트인 것과 비교해 높은 수준이다. 리차이퉁은 2016년 기준으로 총 운용액 2조 위안, 가입자 1억 명을 넘어섰다. 가입자에게 돌아간 누적 수익도 80억 위안을 넘겨 위어바오의 아성을 위협하고 있다.

리차이퉁의 등장은 중국 핀테크 시장에 적지 않은 시사점을 남겼다. 우선 기술이 금융을 먹여 살리는 산업 구조로 변화했다는 것이다. 위어바오가 텐훙펀드와 손을 잡았다면, 리차이퉁은 화샤펀드华夏基金와 함께 도전장을 내밀었다. 사실 화샤펀드는 텐훙펀드가 위어바오를 만나기 전까지만 해도

MMF 시장의 강자였다. 그런 강자가 IT와 결합한 톈훙펀드에 의해 밀려나면서 이제 금융 서비스에 있어 기술은 선택이 아닌 필수임이 확인된 것이다. 이것은 마화텅이 밝힌 '以Tech, 为Fin(Tech로써, Fin을 위한다)'의 개념과 일맥상통한다. 기술이 곧 금융 산업을 부흥시키는 시대다.

리차이퉁은 경직된 금융 산업에서는 태동할 수 없었던 '이자율의 시장화'라는 변화를 가져왔다. 그동안 중국은 중앙은행에서 예금 금리의 범위를 지정해 줬다. 2014년 시중 은행 금리는 2퍼센트대에 머물러 있었지만, 리차이퉁이 위어바오에 도전장을 내밀면서 다자간 경쟁 구도가 형성되자 이자율이 경쟁적으로 높아지기 시작했다.

기업 간 경쟁이 치열해질수록 이득은 소비자에게 돌아온다. 인터넷 펀드가 출현하기 전까지 중국 서민층은 기존 은행 투자 상품의 최저 투자금이 높아 저금리 저축밖에는 선택의 여지가 없었다. 그런데 리차이퉁이 0.01위안이라는 최저 가입액을 제시하면서 자유로운 입출금까지 가능한 투자 상품을 내놓자 거대한 자금이 이동했다. 중국인들의 자산 관리 습관을 합리적으로 선택 가능한 시장 금리 투자로 변화시킨 것이다.

이렇듯 유동성과 더불어 안전성과 수익률까지 우세하니 소비자들은 자연히 실리를 찾아 핀테크 재테크 상품으로 이동했다. 소액으로 단 하루만 맡겨도 이자가 붙고, 간편한 수익 금액 확인 방식에, 입출금까지 자유로운 핀테크 상품에 중국이 열광하고 있다. 모든 것이 손안에서 시공간의 제약 없이 이뤄진다는 것은 그야말로 혁신이다.

메기 효과

2014년 3월 국무원 회의를 주재한 리커창 총리는 "자본 시장을 정비하여 기업과 인민들의 자금 순환을 돕고, 이를 통해 경제 발전을 촉진시킬 것"을 주문하며 인터넷 금융의 건강한 발전을 강조했다. 중국 언론에 따르면 2013년 3월부터 2015년 7월까지 개최된 국무원 회의에서 리커창 총리는 금융이라는 단어를 146회 사용했다. 당국의 정책 기조에 따라 중국인민은행은 '중국 금융업 정보기술 13차 5개년(2016~2020년) 계획'을 발표하고 핀테크 육성을 위한 여건 조성에 나섰다.[35]

중국은 의사 결정이 빠르고 기술 혁신에 강한 핀테크 기업을 시장에 풀어 '금융 인프라의 선진화'라는 금융 개혁의 비전을 달성하고자 했다. 또한 금융 질서의 새로운 패러다임으로 국유 은행들을 혁신의 길로 유도하고자 했다. 오랫동안 금융 시장을 장악한 4대 국유 은행은 독점적 지위로 대형 국유 기업과의 거래를 독점하며, 예대 마진에 의존한 안정적 수익 구조를 영위해 왔다. 한편 ICT 기반 핀테크 기업들은 금융 당국이 사실상 포기했던 서민 금융을 창출·흡수하며 약진했다. 알리바바의 마이뱅크는 출범 2년 만에 3억 1600만 위안의 순이익을 거뒀고, 텐센트의 위뱅크는 2016년 말 기준 전년 대비 168.8퍼센트 성장한 4억 100만 위안의 순익을 올리며 핀테크 시대를 선도했다. 헝펑은행恒丰银行 연구원 저우우샤오웨이周晓维는 민영 은행의 최근 실적에 대해 "SNS 메신저에 기초한 텐센트의 위뱅크와 전자상거래 플랫폼에 기반을 둔 알리바바의 마이뱅크가 서민 금융에 특화된 기술 우위 지위에 있다"고 평가했다.

반면 2012년까지만 해도 전체 은행업 순익의 80퍼센트를 차지했던 4대 국유 은행은 같은 기간 동안 제로이거나 마이너스의 순익 증가율을 기록했다.[36] 텐센트와 알리바바의 시가 총액이 세계 1위 은행인 공상은행을 추월한 가운데, 중국은행中国银行은 2016년 국유 은행 최초로 순익 증가율 마이너스를 기록했다.

국유 은행들도 앉아서 돈 버는 시대가 끝났음을 자각했다. 고착화된 중국 금융 시장에서 당국이 유도한 핀테크 메기 효과Catfish effect가 나타나고 있다.

2017년 3월 건설은행과 알리바바 앤트파이낸셜은 3자간 전략적 제휴를 맺고, 기존 금융과 ICT의 화학적 융합을 시작했다. 이 제휴 협력은 건설은행의 신용 카드 온라인 발급, 온·오프라인 채널 합작, 지급 결제 업무 합작, 신용 체계 확립 등을 골자로 한다.[37]

주목되는 것은 건설은행이 알리페이를 통한 자산 관리 상품WMP·wealth management products을 판매한다는 계획이다. 건설은행 등 40여 개 상업은행은 과거 알리페이의 QR코드 인증 방식의 안전성이 떨어진다는 이의를 제기했었다.[38] 건설은행과 알리페이의 협업을 달갑지 않은 시선으로 바라보던 대부분의 기존 은행들도 얼마 안 가 ICT 핀테크 기업에 러브콜을 보냈다. 국유 은행들이 금융 플랫폼, 빅데이터 분석 등의 중요성을 깨우치면서 상생 협력의 길을 택한 것이다. 한 중국 매체는 이를 두고 "영원한 적은 없고, 단지 영원한 이익이 있을 뿐이다"라고 표현했다.

2017년 6월 한 달 사이 공상은행, 농업은행农业银行, 중국은행 등 주요 국유 은행은 모두 순차적으로 ICT 핀테크 기업과 제휴·협약을 맺었다. 공상은행은 기업 신용 대출, 소비 금융, 자산 관리 등의 분야를 중심으로 중국 2대 전자상거래 플랫폼 징둥과 금융 업무에 관한 전면적 합작을 개시했다. 이어서 농업은행도 중국 최대 포털 검색 사이트 바이두와 함께 빅데이터 분석을 통한 최적화된 금융 서비스와 신용 평가 영역에서 협력을 강화하기로 했다.

중국은행과 텐센트의 합작은 가장 눈에 띈다. 둘은 핀테크 연합 실험실을 건립하고, 클라우드 컴퓨팅, 빅데이터, 블록체인, 그리고 인공 지능 방면에서 연구 개발 협력을 강화하기로 했다. 서민 금융과 스마트 금융 시대를 열겠다는 포석이다. 중국은행은 2017년 9월 25일 위챗 SNS 플랫폼을 활용한 금융 서비스의 진화에 대해 대대적인 성명을 발표하기도 했다.

알리바바 마윈 회장은 언론과의 인터뷰에서 "은행이 변하지 않는다면 우리가 변화시킬 것"이라며 금융 혁신을 자신한 바 있다. 그의 말은 현실이 됐다. 견제하던 기존 은행권은 상생과 혁신의 길로 나오고 있다. 그 배경에는 낙후된 금융 인프라를 개선하겠다는 중국 정부의 의지도 있었지만, 비즈니스 환경의 변화가 미친 영향이 가장 컸다. 산업 자본과 금융 자본 간 산업 경계가 모호해지는 현실 속에 사치스러운 경쟁보다 윈-윈win-win을 선택한 것이다.

우선 ICT 기반 핀테크 기업은 기존 은행이 보유한 금융 상품 및 고객의 데이터를 활용한 시너지 효과를 볼 수 있다. 예컨대 농업은행은 금융 거래 정보로만 구성된 약 5억 명의 개인 고객과 400만 개의 기업 고객을 확보하고 있다. ICT 기업은 이 같은 금융 데이터를 분석함으로써 새로운 금융 서비스 개발에 응용할 수 있을 것이다. 뿐만 아니라 금융 관련 규제, 리스크 관리 등 전문 분야에서 축적된 금융 서비스 노하우도 ICT 기업이 핀테크를 한 단계 더 진화시키기 위해 필요한 학습 분야다.

기존 은행 입장에서도 얻을 것이 많다. 생체인식, 블록체인 등 보안 기술과 다양한 알고리즘을 통한 금융 데이터 분석, 그리고 인공 지능에 기반을 둔 최적화된 금융 서비스까지 기존에 접하지 못했던 첨단 기술을 배울 수 있다. 무엇보다 막

대한 사용자를 보유한 플랫폼을 활용할 수 있다. SNS든 전자
상거래든 모든 금융 서비스의 잠재 고객들이 플랫폼 안에서
경제 생태계를 만들어 가고 있다. 기존 은행들은 금융 거래의
대부분이 이미 기술 기업에 흡수되어 가고 있다는 현실을 받
아들일 수밖에 없었다. 메이저 국유 은행인 중국은행이 텐센
트와 제휴를 맺기 전에 이미 200여 개가 넘는 중소 금융업계
가 텐센트와 협업하고 있었다. 텐센트가 구축한 플랫폼 경제
에서 축적된 빅데이터가 금융업계 전반에 막대한 영향력을
행사했기 때문이다.

중국 핀테크의 옥석 가리기

중국은 긴 호흡으로 핀테크를 경험했다. 정부의 포용적인 태
도 속에서 성장한 중국 핀테크는 낙후된 금융 인프라를 개선
하는 새로운 기회였다. 중국 당국은 법적으로 규범화하는 방
안을 마련하며 핀테크의 지위를 하나하나 인정해 나갔다. 이
른바 '선先 포용, 후後 보완' 정책이다.

중국은 2003년 알리페이 등장 때부터 핀테크 분야를 시
장 자율에 맡기며 줄곧 포용의 자세를 취했다. 그러나 2015년
이후 부작용이 감지되면서 성장 위주 노선을 수정하고 핀테
크를 질적으로 다듬어 가고 있다. 중국 핀테크의 옥석 가리기
가 시작된 것이다.

부작용이 나타난 대표적인 사업 영역은 P2P 대출 플랫폼이다. P2P 대출 플랫폼의 거래 금액은 2013년 156억 달러에서 2016년 3044억 달러로 20배가량 성장했지만, 부실 플랫폼도 6개에서 1106개로 대폭 증가했다. 부실 플랫폼은 고리高利 대출, 대출 수혜자의 사기, 투자금 횡령, 부도 직전 도주 등 각종 부작용을 야기했다. 소비자도 문제였다. 대출 자금이 처음 제시했던 목적과 달리 주식 시장으로 대거 유입되는 사회적 문제가 대두됐다.

중국 금융 당국은 2015년 하반기부터 시장 재정비를 천명하며 '인터넷 금융의 건전한 발전을 촉진하기 위한 지도 의견'을 발표했다. 지도 의견에는 인터넷 결제 및 대출, 크라우드 펀딩, 인터넷 보험 등 주요 인터넷 금융 업무에 대한 지침과 사업 영역별 규제·감독의 명확한 책임 소재 규명, 소비자 보호 강화, 인터넷 금융 자금의 관리 감독 강화 등의 내용을 담고 있다. 특히 핀테크 기업이 투자자 자금을 제3자 은행에 맡겨 관리하도록 한 투자자 자금의 제3자 보관 제도Escrow Account가 기존 P2P 대출 시장에서 가장 주목됐던 부분이다. 이 조항에 의거해 P2P 플랫폼 기업은 고객의 투자금을 은행과 같은 공신력 있는 금융 기관에 의무적으로 예치 또는 신탁해야 한다. 이를 통해 P2P 업체가 도산하더라도 투자금을 투자자에게 우선 지급하도록 했다. 투자자와 대출자를 보호하여 건전한 발전을 꾀하겠다는 포석이었다.

2016년 1월에는 '비은행 결제수단 온라인 결제 업무 관리 방안'을 발표하면서 제3자 지급 결제업자의 계좌 개설 시 본인 확인 의무를 강화했고, P2P 대출 플랫폼의 제3자 지급 결제 계좌 이용을 제한했다. 이어 2016년 8월 24일에는 중국 은행업감독관리위원회에서 중국 최초의 P2P 대출 종합 규제 법안인 '온라인 신용 대출 정보 중개 기업 업무 활동 관리에 관한 잠정 방법'을 발표하면서, P2P 대출과 플랫폼 업체를 각 각 소액 민간 대출과 정보 중개 기관으로 규정하고, 법인을 포함한 개인 간 정보 중개를 넘어서는 P2P 플랫폼 업체의 금융 업무는 금지시켰다.

제도 재정비 효과는 시행 1년 만에 바로 나타났다. 중국 P2P 대출 부실 플랫폼의 누적 증가율이 2015년 226퍼센트에서 2016년 23퍼센트로 대폭 감소했다. 플랫폼은 줄어들었지만 거래액은 1375억 달러에서 3044억 달러로 2배 이상 늘었다.

2017년 들어서도 중국 당국의 핀테크 리스크 관리는 계속됐다. 2017년 8월 인민은행이 발표한 금융 건전성 평가 보고서는 현재 은행업에 제한적으로 적용해 온 위험 관리 시스템을 P2P 대출 플랫폼, 크라우드 펀딩 등을 포함한 핀테크 영역으로 확대하는 방안을 담고 있다.[39] 뿐만 아니라 2018년 6월 말까지 알리페이나 위챗페이와 같은 비금융 핀테크 기업의 결제 서비스를 왕롄網聯 플랫폼을 통해 처리하도록 방침을 세웠다. 왕롄은 인민은행 주도로 설립된 청산 플랫폼으로 알리바바, 텐센트, 인롄(銀聯·중국 88개 은행이 공동 출자해 설립한 중국의 국영 독점 신용 카드사) 등 45개 기업이 참여하고 있다.[40]

실용주의, 기술민족주의 그리고 테크노글로벌리즘

중국은 사회주의 체제하 시장 경제라는 특수한 배경 속에 국가가 경제 발전을 주도하고 있다. 중공업, 철강, 화공, 통신 등 주요 기간산업은 대부분 국유 기업에서 정책 사업으로 추진한다. 그런 국유 기업의 자금줄 역시 자본 시장의 60퍼센트 이상을 장악한 국유 은행이 도맡고 있다. 중국은 1978년 개혁 개방 이후 35년간 연평균 9.8퍼센트의 경제 성장률을 기록했다. 2005년 '바오바(保八·연 8퍼센트 성장 유지)' 정책 발표 이후 2008년 금융 위기 때도 홀로 독주하며 9.6퍼센트나 성장한 중국이다. 세계의 공장으로 불리며 무섭게 질주하던 중국의 성장은 2012년부터 둔화되기 시작했다. 대형 재정 투자와 수출 위주 부양 정책은 공급 과잉을 초래했고, 실업자를 양산하며 소득 불균형 문제로 이어졌다. 성장 일변도 정책의 한계에 봉착한 것이다.

2013년 등장한 시진핑習近平·리커창 체제는 양적 성장보다 중국의 체질 개선을 주창해 왔다. 고성장을 내려놓고 상위 20퍼센트가 좌우했던 기형적 경제 발전을 안정적 균형 발전으로 전환하는 데 주력했다. 해외 기술에 의존한 제조와 수출 경제 구조를 자국의 핵심 기술에 의한 내수 확대로 개선해 나갔다. 중국은 과학 기술에 기반을 둔 경제 발전에 드라이브를 걸었다.

과학 기술 육성을 통한 경제 발전 노선 속에서 핀테크는 '실용주의적 기술민족주의pragmatic-techno-nationalism'라는 성장 추진제를 달았다. 먼저 실용주의는 중국 경제 발전에 있어 빼놓을 수 없는 화두다. 덩샤오핑邓小平 전 주석은 일찍이 흑묘백묘론黑猫白猫論으로 이념을 탈피한 중국 경제의 실용주의 노선을 주창했다.

중국의 과학 기술 육성이 정부 주도로 이뤄지는 중에도 실용주의적 관점은 유지됐다. 에너지 산업, 바이오산업 등이 국유 기업에 맡겨졌지만 유독 핀테크 분야는 민간 IT 기업을 집중 육성했다. 이는 국유 기업 가운데 국제적 경쟁력을 갖추고 중대한 국책 사업을 책임지는 기업은 국가가 직접 지원해주고, 다른 중소 국유 기업은 민영화를 추진한다는 '조대방소(抓大放小··큰 물고기는 잡고 작은 물고기는 놓아준다)' 기조의 국유 기업 개혁 노선과 일맥상통한다.

중국 정부는 핀테크 금융 시장에서도 실용주의적 태도를 견지했다. 국가가 지원하는 대상이 국유 기업이 아닌 민간 기업이라는 부분만 달라졌을 뿐, 기술력이 가장 뛰어난 기업에 대한 전폭적인 지원이 국가 발전을 위한 것이라는 기조다. 현재 중국 핀테크 금융의 거의 모든 영역에서 초대형 IT 기업들이 기존 금융 서비스를 대체하고 있다.

이와 같은 실용주의적 발전관에 기술민족주의가 더해졌다. 중국의 민족주의는 자문화 중심 사상인 중화주의中華主義와 같은 개념이다. 기술민족주의는 국가 경제 발전을 위해 자국 기술력만을 부흥시키겠다는 것이 대략적인 개념이다. 대표적인 분야가 핀테크다. 실제 중국은 핀테크 관련 산업 육성을 위해 배타적으로 자국 기업을 적극 지원했다. 2001년 12월 외국인 투자 통신 기업 관리 규정[41]을 시행하면서, 외국 기업의 단독 전자상거래 업무를 금지했다.[42] 외국 업체가 참여하기 위해서는 중국 파트너사와의 협업이나 중국 정부 기관과의 제휴가 필요했다. 중국 로컬 기업들은 이를 이용해 내수 시장을 바탕으로 성장할 수 있는 기반을 마련했다. 지급 결제 서비스 분야에서 중국은 시장 진출을 위한 지급 업무 허가증을 2011년부터 발행해 왔지만 2015년 3월까지 발급된 금융 기관과 비금융 기관(총 269개)의 지급 업무 허가증 가운데 해외기업이 발급받은 것은 2개에 불과했다. 이런 기술민족주의 정책에 힘입어 알리바바, 텐센트 등 대형 IT 기업들은 자생적으로 성장할 수 있는 기반을 마련할 수 있었다. 보호 정책은 전자상거래 분야에서 중국 기업이 후발 주자임에도 불구하고 해외 유수의 기업과 대등한 수준까지 성장하는 데 큰 역할을 했다.[43] 중국이 취한 자국 기업 보호 정책으로, 외국 기업들의 중국 내 직접 투자가 금지됐고, 외국 기업들은 '울며 겨자 먹기'로 중국 기업과의 합작으로 중국 진출을 꾀할 수밖에 없었다.

기술민족주의는 자금 지원으로도 이어졌다. 중국 정부 주도하에 약 750여 개의 모태 펀드Fund of funds와 다층적 자본 시장을 통한 IPO(Initial Public Offering·주식 공개 상장) 시장을 활성화시킨 것이다.[44] 특히 장내·외에 걸쳐 마련된 직접 금융 시장은 국유·대형 기업부터 지역 중소기업까지 각 기업의 조건에 맞는 자본 조달을 가능하게 했다. 액센츄어 자료에 따르면 2010년부터 2016년까지 중국 핀테크 투자 규모는 17억 9100만 달러에서 232억 달러로 무려 12배나 성장했으며 2016년 베이징 핀테크 기업들의 융자액은 미국 실리콘밸리를 추월했다.[45]

중국은 실용주의적 기술민족주의로 끌어올린 자국의 핀테크 기술 경쟁력을 테크노-글로벌리즘techno-globalism으로 이어 갔다. 테크노-글로벌리즘은 기술이 특정 국가의 특권이 아니라 글로벌 공공재이며, 국가 간 공생의 매개체가 돼야 한다는 사상이다. 자문화가 세계의 중심이라 여기는 중국 특유의 민족주의는 자국 핀테크 기술을 세계 표준으로 수출하고

자 하는 의지로 표출됐다.

앤트파이낸셜은 인도의 인터넷 지급 결제 서비스 업체 페이티엠PayTM과 제휴하여 알리페이의 기술력을 전파했다. 제휴를 맺은 이후 페이티엠 이용자 수는 7배 이상 증가해 2억 2000만 명을 돌파했으며, 페이티엠은 세계 3위의 모바일 결제 플랫폼으로 비약적인 발전을 거듭하고 있다.

앤트파이낸셜의 테크노-글로벌리즘은 과거 중국 기업의 해외 진출 방식과 다르다. '조선출해造船出海'는 배를 건조하여 그 배를 타고 직접 바다로 나가는 방식으로 단독의 기술 우위로 국제화 역량을 강화하는 해외 진출 모델이다. '매선출해買船出海'는 배를 사서 그 배를 타고 바다로 나가는 방식으로 자본력을 동원한 해외 인수 합병M&A이 대표적인 모델이다. 이와 달리 앤트파이낸셜은 '출해조선出海造船'이라는 새로운 방식을 도입했다.[46] 출해조선은 '바다를 건너간 후 함께 배를 만드는 것'으로 현지의 파트너 기업과 제휴하여 현지 사정에 맞는 서비스를 재생산하는 방식이다. 앤트파이낸셜은 자체 플랫폼 소스와 보안 및 사기 예방 시스템 등의 노하우 공유를 주요 전략으로 파트너 기업과 함께 현지에 최적화된 모바일 결제 시스템을 구축하고 보혜금융의 글로벌화를 추진하고 있다. 인도, 태국, 필리핀, 인도네시아 등 세계를 무대로 확대되는 앤트파이낸셜의 출해조선 모델은 10년 안에 20억 명 이상의 세계인이 지갑 없이 외출하는 날을 꿈꾸고 있다.

핀테크는 중국 4차 산업혁명의 주역으로서 과학 기술을 기반으로 한 안정적인 균형 발전에 크게 기여하고 있다. 누구나 접근할 수 있는 금융 서비스는 원활한 자금 조달로 중국 내 창업 열풍과 기업가 정신을 확산시켰고, 전자상거래 플랫폼과 금융의 만남이 내수 진작을 통한 경제 성장을 견인했다. 중국은 생산만을 담당했던 세계의 공장에서 생산·유통·소비를 중심으로 한 세계 최대의 시장으로 변모하고 있다. 그리고 그 중심에 실용주의적 기술민족주의와 테크노-글로벌리즘이 자리 잡고 있다. 세계경제포럼 의장 클라우스 슈밥Klaus Schwab의 발언은 현실이 되어 가고 있다.

"중국이 4차 산업혁명을 이끌고 있다."[47]

비트코인과 중국 특색의 가상화폐

지난 몇 년간 서서히 이름을 알리기 시작한 가상화폐는 최근 들어 폭발적인 관심을 받고 있다. 국제적으로 이슈가 되고 있는 가상화폐 투자 열풍은 화폐의 본질적 가치에 대한 논란을 촉발했다. 가상화폐가 법정화폐의 대안적 화폐 상품으로 자리매김할지, 아니면 잠시 유행하는 신기루에 불과한 것인지 의견은 지금도 분분하다.

2013년 노벨 경제학상을 수상한 예일대 교수 로버트

실러Robert Shiller는 "비트코인Bitcoin은 언제라도 종국에는 무너진다"고 주장한다. 세계적 투자가 워렌 버핏Warren Buffett도 "비트코인이 부정적인 결말을 초래할 것"이라 경고했다. 비트코인의 가치를 두고 아직 공공의 합의가 없다는 점과 금과 같이 보편적으로 인정하는 최소한의 가치가 없다는 점이 주된 이유다. 반면 미국 금융 시장에서 비트코인 선물 시장을 개장한 점을 들어 비트코인이 이미 제도권 금융에 흡수되고 있다는 의견도 있다.

전자적으로만 존재하는 비트코인은 2009년 1월 출시 당시만 해도 1단위당 가치가 5센트(약 53원)에 불과했으나, 2018년 초 2만 달러에 육박하면서 논란이 최고조에 달했다. 비트코인의 궁극적 실체가 무엇이기에 이와 같은 파란을 일으키고 있는 것일까?

금융 위기 이후 출현한 비트코인은 '국적 없는 민주적 화폐'라는 별칭을 가지고 있다. 블록체인 기술로 고안된 비트코인의 탈중앙화 화폐 시스템이 중앙에 의한 관리가 가능했던 기존 국제 화폐 시스템에 정면 도전하기 때문이다.

사실 비트코인 자체보다 더욱 가치를 두고 주목할 것이 바로 블록체인 기술이다. 이를 활용한 비트코인은 중앙 집중된 제3자의 보증기관Centralized Trusted 3rd Party, 즉 공인된 중개인이 없는 개인 간 P2P 방식으로 거래되고 그 거래 기록은 네트워크 참여자 모두에게 공유된다. 비트코인 거래 정보는 모든 네트워크 참여자에 의해 검증 및 보관되며 공인된 제3자가 없이도 신뢰성을 확보한다. 은행처럼 중앙이 통제하며 거래 기록을 관리하는 방식을 부정하고, 투명성을 강조한다. 중개인이 없으므로 불필요한 수수료도 절감할 수 있다.

블록체인은 모든 개인을 연결하고 거래 정보를 공유하면서 정보 분산이라는 보안 원칙을 극대화했다. 비트코인의 거래 기록은 네트워크의 모든 접속자가 참여한 가운데 10분마다 블록으로 형성된다. 블록은 단위 블록마다 부여된 암호화 함수를 푸는 값을 찾았을 때 형성되는데, 네트워크 접속자 누구라도 이 작업에 뛰어들 수 있다. 누구라도 블록을 형성하는 작업 증명Proof of Work을 완수하면 형성된 블록은 네트워크 내 모든 사용자에게 전파·공유된다. 이렇게 암호화된 블록들은 시간순에 따라 끊임없이 체인으로 연결되기 때문에 해킹이 사실상 불가능하다.

화폐를 발행할 수 있는 권한도 누구에게나 열려 있다. 블록의 암호를 찾고 발행에 성공하면 당사자는 그 대가로 일정량의 신규 코인을 발급받게 된다. 거래 정보의 보안성을 강화하는 데 수고한 대가가 곧 코인의 지급이며, 이 과정을 채굴mining이라고 표현한다. 이렇게 공인된 발행 기관 없이 암호 해독 능력을 가진 자 누구나 참여할 수 있는 채굴이 곧 신규

화폐의 발행을 뜻하는 것이다.

한편 비트코인의 발행량은 2145년까지 2100만 개로 제한되고, 매 4년을 기준으로 직전 4년간 발행된 양의 절반까지만 발행할 수 있다. 발행량의 제한으로 인플레이션inflation에 의한 통화 가치 하락 위험이 적다. 이러한 새로운 화폐 시스템을 두고 미국 경제지《포춘Fortune》은 비트코인이 인터넷 출현 이후 가장 기발한 아이디어라며 기존 화폐에 대한 인식을 완전히 바꿀 수 있는 잠재력이 있다고 평가한 바 있다.

그렇다면 핀테크의 성지로 떠오른 중국은 가상화폐에 대해 어떻게 접근하고 있을까. 일단 최근 중국은 가상화폐의 존재 자체를 부정하는 듯한 강력한 규제 행보를 취하고 있다. 2017년 9월 중국은 가상화폐 ICO(Initial Coin Offering·블록체인 기반 코인을 거래소에 상장시키는 가상화폐 공개)를 전면 금지하는 한편 기존 거래소마저 폐쇄 조치했다. 나아가 2018년 1월에는 장외에서 이뤄지는 개인 간 거래 방식을 금지하고 비트코인 채굴 사업도 중단하도록 지시했다.

차이나 쇼크로 한때 2만 달러에 육박하던 비트코인 시세는 1만 달러 초반으로 수직 하강했다. 현 사태가 아이러니한 것은 비트코인의 활성화와 시장 쇼크가 모두 중국에 의해 초래됐다는 것이다. 2016년 중국 위안화를 통한 비트코인 거래는 90퍼센트 이상에 달했고, 세계 최대 채굴업체 비트메인Bitmain

의 창업자 우지한吳忌寒도 중국인이며 채굴량의 80퍼센트 이상이 중국에서 발생했다. 핀테크 시대에 우뚝 선 중국이 자국에서 활성화된 가상화폐 시장을 왜 규제로 누르려는 것일까.

중국이 가상화폐 거래소 폐쇄를 주문할 때만 해도 전문가들은 과열된 양상에 일시 정지 버튼을 누른 것일 뿐이라 전망했다. 중국 내 중요 행사인 당 대회를 앞두고 투기나 해외 자금 유출 등 금융 시장 리스크를 최소화하기 위한 일종의 이벤트성이었다는 의미다. 하지만 중국 정부는 예상과 달리 몇 개월 만에 개인 간 거래까지 원천 차단하는 초강수를 꺼냈다. 가상화폐 규제가 일시적인 대응이 아니었던 것이다.

중국은 가상화폐에 대하여 더 먼 미래를 보면서 큰 그림을 그리고 있다. 현재 관측되는 중국의 가상화폐 정책은 미중 금융 패권 경쟁, 관치 금융과 민간 핀테크의 하이브리드, 블록체인 주도권 경쟁 등의 세부적 주제로 살펴봐야 한다.

우선 가상화폐라는 기발한 화폐 시스템의 등장은 미국과 중국의 금융 패권 경쟁에서 새로운 변수로 떠올랐다. 미국은 국제 기축 통화인 달러의 발행권을 가졌다. 마음만 먹으면 국채를 발행하면서 달러를 한없이 찍어 낼 수 있다. 국채가 부채라 해도 미국은 굳이 조기 상환 필요를 못 느낀다. 달러를 많이 풀었으니 인플레이션이 발생하면 통화 가치가 하락해 부채 부담도 절감되기 때문이다. 세계 최대의 달러 보유국인 중국 입장에서 미국의 달러 패권은 얄미웠다. 애써 달러를 벌었는데 눈 뜨고 손해를 봐야 했다. 쑹훙빙朱鴻兵의 저서 《화폐 전쟁》은 '양털 깎기fleecing of the flock'라는 용어로 이러한 금융 패권국의 의도된 버블 경제 조장을 신랄하게 비판했다. 양털이 풍성하게 자라기를 기다렸다가 농장주가 단번에 이득을 취하는 상황에 비유한 것이다.

중국은 위안화가 달러를 제치고 국제 통화로 인정되기를 희망해 왔다. 위안화는 무역 결제 확장 등 다년간 국제화 노력을 해왔고, 최근 독일과 프랑스의 외환 보유고 운용 통화로 편입되기까지 했다. 그러나 경제 규모에 비해 낙후된 금융 인프라로 달러 패권을 뒤집기에는 여전히 역부족이다.

새로운 금융 패권을 노리던 중 눈에 들어온 것이 비트코인이었다. 국적에 관계없이 누구나 거래하지만, 발행량도 한정되어 있고, 발행 권한을 가진 국가도 없다. 인위적인 인플레이션 유도나 부채 형성이 불가능한 구조다.

이러한 비트코인의 개방성은 민주적으로 형성된 가상의 기축 통화처럼 작용했다. 비트코인을 끼고 위안화와 달러의 상호 교환이 활발해진 것이다. 물론 이런 현상은 중국 입장에서 제도권을 벗어난 위안화의 해외 반출로 기존 환율 질서를 위협하는 위험도 있다. 미국 역시 가상화폐로 인해 달러의 기축 통화 지위가 도전받을 수 있다. 그러나 중국은 이러한 우려를 기회로 삼으려는 움직임을 보이고 있다. 중국 중앙은행은 일찍이 2014년부터 블록체인 기반 가상화폐 연구에 뛰어들었다. 현존하는 가상화폐의 유통을 견제하다 끝내 전면 금지한 것과는 상반되는 행보다. 중국 당국의 규제가 중앙은행 차원의 가상화폐 발행을 위한 사전 조치였다는 가능성을 배제할 수 없는 이유다.

중앙은행 디지털화폐연구소 야오치엔姚前 소장은 2017년 11월 베이징대학 디지털금융연구센터에서 열린 포럼에서 "디지털 경제 발전에 따라 중앙은행이 발행하는 디지털 화폐의 필요성이 부각되고 있다"고 밝혔다. 국적 없는 가상화폐로 달러의 기축 통화 지위가 위협받고 있다는 논란이 있는 가운데, 중국이 국가 주도의 법정 가상화폐로 전 세계 금융 시장에 데뷔하겠다는 뉘앙스의 발언이었다.

중국은 비트코인의 블록체인 기술을 부분적으로만 사용하고, 비트코인의 핵심적인 속성인 탈중앙화와 정반대인 중앙 집권형 가상화폐로 승부할 것으로 보인다. 기존 은행 시스템으로 법정 가상화폐를 그대로 편입한다는 것이다. 블록체인의 분산 원장 기술은 은행들을 연결하여 주기적으로 확인하는 방식으로 구현할 수 있다. 관리자가 없어 그 누구도 책임지지 않는 탈중앙화 방식보다 안정적인 시스템으로 확장성과 리스크의 최소화를 보장할 수 있기 때문이다.

중국은 중앙은행이 동일한 가치를 보장하는 법정 가상화폐가 발행되면, 비트코인과 같이 낮은 금융 거래 비용으로 신속하고 정확한 거래가 가능해 빠르게 상용화될 것이라 보고 있다. 뿐만 아니라 중국에서 발생하는 모든 금융 거래를 추적할 수 있게 되어 지하 경제가 양성화되는 효과도 있다. 경제 흐름을 실시간으로 점검하면서 최적화된 금융 정책을 유지할 수도 있다. 궁극적으로 중국은 공신력이 있으면서도 사용이 간편한 가상화폐로 역외 거래를 증대시켜 현행 국제 금융 시스템에서 이루지 못한 21세기형 새로운 기축 통화를 꿈꿀지 모른다.

전문가들은 중국이 법정 가상화폐를 발행하는 최초의 국가가 될 것이라 예측하고 있다. 그런 가운데 중국 당국은 가상화폐의 구체적인 발행 시점 및 사용 계획 등 공식적인 입장을 밝히지 않고 프로젝트를 진행 중이다. 중앙은행 디지털화폐연구소는 블록체인 기술, 발행 및 유통 환경, 관련 금융법 등을 종합적으로 연구해 오고 있다. 그 연구 범위 중 법정 가상화폐와 민간 가상화폐의 관계를 설정한 것이 특히 주목된다. 이미 민간 가상화폐의 유통을 금지시킨 중국 당국이 왜 이둘의 상존을 고민하는 것일까.

중국은 화폐의 발행 권한을 둘러싸고 변화하는 통화 시장에서 벌어질 경쟁을 인식하고 있을 수 있다. 이미 대중에 의해 운영되는 민간 주체 발행 화폐가 성행하는 가운데 법정 가상화폐는 경쟁보다 상생의 길을 모색하는 것이 위험 분산에 유리하다.

이에 발맞춰 관치 금융과 민간 핀테크의 하이브리드가 관측되고 있다. 중국 민간 가상화폐 네오Neo는 코인 발행을 직접 수행하는 중앙화된 방식으로 운영된다. 이 때문에 초당 처리 가능 거래량이 비트코인의 100배에 달한다고 알려졌다. 홍콩 언론사 펑황왕风凰网에 따르면 네오가 중국 내 유일한 합법 코인으로 등극할 가능성이 있다.

네오는 사전에 설정된 조건을 만족하면 이체 업무를 수행하는 스마트 계약smart-contract 기능으로 편의성을 강조하며 인기를 끌고 있다. 전통 경제와의 융합을 강조하는 네오는 아파트와 같은 실물 자산도 디지털 형태로 존재할 것이며 블록체인 안에서 디지털 자산을 담보로 대출을 받을 수 있다고 설명한다. 블록체인 기술을 사용한 네오는 스마트 계약으로 변경 불가의 신뢰성을 제공하는 분산화된 시스템을 제공하고 있다. 네오의 창립자 다홍페이达鸿飞는 "10년 내 모든 자산이 디지털화될 것"이라며 네오의 스마트 계약 시스템의 일상화를 자신하고 있다.

2018년 1월 현재 전 세계 10대 가상화폐로 주목받고 있는 네오는 화폐의 가치 저장 기능까지 탑재했다. 네오-가스

Neo-gas는 네오를 소유하고 있으면 일정 비율의 이자 형태로 지급되는 또 다른 가상화폐다. 네오 가스는 경제적 인센티브로서 네오 플랫폼을 이용하는 이용료로 지급하는 데 쓰인다. 전통 금융 시장의 이론을 그대로 디지털로 옮겨 놓은 모습이다.

네오는 민간 가상화폐지만 중국에서 시작된 첫 블록체인 기술이기에 확장 가능성이 무궁무진하다. 중국의 3대 ICT 업체 BAT(바이두, 알리바바, 텐센트)가 14억 중국인을 끌어안을 수 있었던 것은 모두 당국의 전폭적인 지지가 있었기 때문이다.

중국은 국제 금융 시장에서 새롭게 도래할 가상화폐 경쟁에서 우위를 점하는 것은 물론, 가상화폐라는 초점 위에 블록체인 경제라는 더 큰 구상을 그리고 있다.

한국 핀테크 금융의 현주소

한국의 2016년 온·오프라인 간편 결제 규모는 약 9조 원이다. 마그네틱 카드의 일일 결제 규모가 2조 원임을 감안하면 여전히 미미한 수준이다. P2P 금융 시장 규모는 2015년 393억 원에서 2016년 6288억 원으로 비약적으로 성장했지만, 전체에서 차지하는 비중은 1퍼센트 내외에 불과하다. 스웨덴에서는 전체 결제의 20퍼센트만 현금으로 거래되는 등 전 세계가 현금 없는 사회로 변화 중인데 우리나라는 이제 막 알에서 깨어난 모습이다.[48] 2017년 돌풍을 일으킨 인터넷 전문 은행 카카오뱅크와 케이뱅크가 수개월 만에 도합 350만 계좌 개설을 돌파하며 예·적금 2조 2000억 원에 누적대출액 2조 6000억 원을 기록했지만, 한국 4대 시중 은행의 수신 규모가 300조 원에 육박하는 것을 감안하면 한국의 핀테크 금융은 갈 길이 멀다.

빅데이터, 클라우드 컴퓨팅, 인공 지능, 블록체인, 생체인식 보안 기술 등 IT가 금융과 만나 금융 산업의 지각 변동이 일어나는 파괴적 변화disruptive change 속에 한국 핀테크가 처한 현주소다. 한국의 핀테크 도입률은 32퍼센트로 중국 핀테크 도입률 69퍼센트의 절반에도 미치지 못하고 있다. 미국 시장 조사 기관 인사이트Insight가 발표한 전 세계 핀테크 유니콘(Unicorn·시장 가치 10억 달러 이상의 스타트업) 기업 중 한국 기업은 없다.

글로벌 컨설팅 업체 KPMG가 선정한 2017년 세계 핀테크 기업 100선에서도 중국 기업은 10위권 내에 5개 기업을 올렸지만, 한국은 간편 송금으로 유명한 토스Toss의 운영사 비바리퍼블리카Viva Republica가 유일하다.

중국 핀테크 기업의 성공은 중국 금융을 둘러싼 경제·사회 전반의 요소가 인터넷 플랫폼을 통해 융합하여 최적화된 서비스를 만들었기에 가능했다. 중국 핀테크 금융의 생태계가 기업, 개인, 공동체 등 사회 주체를 모두 연결하고 있다는 점이 핵심이다. 정부는 컨트롤타워의 역할을 했고, 기업은 촉진자가 되었으며, 소비자 시장이 조력자로서 변화에 적극 참여했기에 가능했던 혁신이었다. 종합하면, 중국 핀테크 사례는 제도로서의 기능을 확실히 해낸 중국 금융 당국과 혁신적인 기술과 상호 공존이라는 철학으로 시장의 리더가 된 기업, 변화에 민첩하게 반응해 그대로 흡수된 소비자들이 공통으로 만들어 낸 창신創新의 결정체다.

한국은 IT 강국으로 여전히 스마트폰과 초고속 인터넷 보급률 1위를 자랑하고 있으며, 저성장 기조 속에서도 IT 산업에 대한 투자와 성장이 시장을 견인하고 있다. 금융 시장 규모에 대한 통계를 벗어나 핀테크 산업에 있어 중국에 크게 뒤처질 만한 요소가 없다. 깨어 있는 디지털 소비자들도 금융 시스템의 판도 변화에 주목하고 있는 시점이다. 한국 핀테크 산업은 이용자 경험을 통합시킬 충분한 준비가 되어 있다. 금융 산업의 혁신적인 변화를 이끌고 글로벌 무대로 도약을 준비 중인 한국 핀테크 기업에게 던지는 중국 핀테크 산업의 시사점을 정리해 본다.

핀테크는 또 하나의 문화다

중국은 신용 카드에 의한 신용 사회를 뛰어 넘어 현금 결제에서 모바일 지급 결제 시스템으로 퀀텀 점프했다. 하지만 한국은 1970년대부터 충분한 신용 사회를 경험했으며 신용 카드 보급률도 90퍼센트가 넘는다. 이미 카드를 긁는 것이 결제 문화로 자리 잡았다. 한국에서 모바일 지급 결제 시스템이 안착하기 위해서는 편리성·보안성 부분에서 신용 카드보다 월등히 뛰어나다는 것을 증명해야만 한다.

한국인이 모바일 간편 결제를 이용하지 않는 이유는 기존 결제 방식에 대한 익숙함과 보안에 대한 우려 두 가지로 압축된다. 결제 방식은 기술의 영역이고, 보안은 신뢰의 토대다. 모바일 지급 결제 방식이 해결책을 제시해야 한국인의 생활에 자리 잡은 신용 카드 결제 문화가 진화한 제3의 결제 문화로 전환될 수 있다.

한국의 신용 카드 결제 프로세스는 복잡하다. 온라인 결제에서 PG사payment gateway가 신용 카드 번호 등 카드 정보를 관장하며 전자 지불을 대행한다. 이후 모든 카드사를 연결하고 있는 VAN사value added network가 이를 수신해 다시 카드사로 송신한다. PG사의 고객은 VAN사고, VAN사의 고객은 카드사이다. 데이터 유통 단계가 많다 보니 처리 과정이 복잡한 것은 물론이고 수수료도 많이 발생한다. 여기에 소비자는 사용처를 일일이 확인해 가며 모바일 결제를 이용해야 한다. 복잡한 데이터 유통 시스템이 가맹점 확산을 지연시키고 있기 때문이다.

핀테크가 데이터 보안 역할의 PG사와 VAN사 단계를 거치지 않고 앱투앱App to App으로 연결하여 진화된 결제 방식을 적용한다면 새로운 결제 문화를 창조할 수 있다. 수수료 절감으로 가맹점이 확산되며 보안의 영역도 기존 금융권의 권한으로 만들어진 신뢰가 아니라 핀테크 자체의 기술력으로 채울 수 있을 것으로 보인다.

알리페이는 자체적인 제3자 지급 결제 서비스, 안면 인식을 통한 결제, 그리고 중요 거래 데이터를 이용한 리스크 관리 시스템 등으로 모바일 결제 보안의 지평을 열었다. 오락성을 접목한 텐센트의 홍바오 송금 서비스는 중국의 전통문화를 핀테크로 옮겨 오며 자연스럽게 소비자를 흡수했다. 한국도 기존 결제 프로세스를 탈피하고 핀테크의 자체 기술력을 중심으로 결제 문화를 바꿀 수 있는 아이템을 개발하는 것이 우선 필요하다. 카카오페이가 장착한 모바일 더치페이 기능은 결제 문화를 바꾸기 위한 좋은 시도다. 간편하면서도 보안이 확실한 결제 시스템을 생활 속에 녹여낼 수 있는 핀테크 기업만이 이용자 경험을 통합해 살아남을 것이다.

네트워크 효과와 생태계 구축

중국 핀테크 생태계의 기초 자산은 모바일 결제 시장이었다. 기본적인 결제 시스템과 축적된 빅데이터가 핀테크를 다른 금융 서비스의 영역으로 확장하는 단초를 제공했기 때문이다. 그런 모바일 결제의 확산을 촉진시킨 상위 개념이 플랫폼이다.

알리페이와 위챗페이는 각각 전자상거래와 메신저 서비스라는 거대한 플랫폼을 기반으로 탄생했다. 이들 플랫폼은 다양한 이질적 참여자들이 유기적으로 연결됨으로써 새로운 경제적 가치를 생산하는 곳이다. 이곳에는 개인, 기업, 공공 기관, 언론 등 거의 모든 경제 주체들이 참여해 플랫폼 경제권을 형성하고 있다.

핀테크 생태계는 이러한 플랫폼 경제와 궤를 같이하는 금융 플랫폼이 구축돼야 실현될 수 있다. 알리바바는 펀드 운용사를 연결한 온라인 전용 펀드 위어바오를 제공하고 있으며, 텐센트는 제휴한 오프라인 은행과 대출 소비자를 연결해주고 있다. 바야흐로 연결이 지배하는 세상이다.

한국도 다양한 연결에 기반을 둔 플랫폼을 활용해 핀테크 생태계로의 확장을 모색해야 한다. 일단 수많은 연결로 묶인 상태는 쉽게 풀리지 않으며 갈수록 더 많은 참여자를 흡수해 신뢰의 토대를 공고하게 만든다. 2017년 7월 출범한 카카오뱅크는 3개월 만에 435만 명의 가입자를 유치했다. 반면 국내 1호 인터넷 은행이었던 케이뱅크의 가입자 수는 그보다 앞선 출시에도 불구하고 59만 명에 그쳤다. 카카오뱅크의 선전은 국민 메신저 플랫폼 카카오톡에 토대를 두었기에 가능했다. 카카오톡의 익숙함에 소비자들이 거부감 없이 참여한 것이다.

다양한 개인들의 연결과 더불어 기존 금융권에서도 협력 관계가 이뤄져야 한다. 한국의 경우 핀테크가 결제 서비스에 유독 집중되어 있다. 그마저도 대부분이 은행 계좌가 아닌 신용 카드와 연결된 결제 서비스다. 결제 계좌가 모바일 속으로 들어오는 것이 다양한 금융 서비스와 연결되는 확장의 첫발임을 감안하면 아쉬울 수밖에 없다.

현실이 이렇다면 신용 카드사와 IT 기반 금융 플랫폼의 연결부터 구상해 볼 수 있다. 우선 금융 플랫폼은 각종 공공 요금, 전자상거래, O2O 기반 서비스 등을 흡수해 고객과 카드사를 연결하는 역할을 수행할 수 있다. 브릿지 역할을 하는 동안 축적된 데이터는 분석을 넘어 학습이 가능한 인공 지능을 통해 최적화된 금융 서비스를 창출한다. 고객은 본인 소비 습관에 맞는 카드 상품을 추천받을 수 있고, 카드사는 부정 거래를 사전에 예방할 수 있다. 또한 새로운 신용 평가 모델로 활용되어 카드 단기 대출 상품을 출시하는 등 금융 상품 개발에 사용될 수도 있다. 뿐만 아니라 금융 플랫폼에 내재된 인공 지능 챗봇을 활용해 24시간 콜 센터도 운영할 수 있다.

금융 플랫폼이 공급자, 소비자, 개발자로 묶인 교차 네트워크 효과cross-side network effect를 발휘해 최적화된 금융 서비스로 어느 정도 이용자 경험을 통합한다면, 소비자가 많아질수록 해당 상품의 가치가 더욱 높아지는 네트워크 외부성 효과network externality는 자연히 따라온다. 일단 소비자에게 보편적으로 굳어진 플랫폼은 이탈보다 추가 유입이 강하게 발생하기 때문이다. 금융 플랫폼이 임계점을 넘어선다면 은행뿐만 아니라 자산 관리 운용사, 보험 회사, 증권사 등 다양한 금융 서비스업들과의 협업이 이뤄질 것이며, 한국 핀테크 생태계는 비로소 산업 간 경계를 허무는 파괴적 혁신자로 도약할 수 있을 것이다.

진짜 인터넷 전문 은행이 필요하다

최근 한국의 핀테크 금융 시장 관련 통계가 가파른 상승세를 그리는 원인은 관련 규제들이 일정 수준 완화되었기 때문이다. 2015년 1월 금융위원회의 'IT·금융융합 지원 방안' 발표부터 2017년 2월 신산업 규제 혁신 관계 장관 회의의 '핀테크 규제 혁신 방안'까지 단계적으로 핀테크 산업 육성을 위한 규제 완화를 추진해 왔다. 눈에 띄는 것은 새로운 금융 서비스를 도입하려는 사업자가 완화된 규제를 적용받아 해당 서비스를 일정 기간 동안 테스트하는 '금융 규제 테스트 베드' 제도다. 규제에 걸릴 소지가 있어도 일단 감독 기관의 비조치 의견서 발급을 받으면 사업을 추진할 수 있어 국내 핀테크 산업의 규제 불확실성을 상당 부분 감소시킬 것으로 기대된다.[49]

이러한 추세에 힘입어 2017년 인터넷 전문 은행 카카오뱅크와 케이뱅크가 출범하며 한국 핀테크가 한발 더 나아갔다는 평가를 받고 있다. 특히 카카오뱅크는 출시 한 달 만에 300만 개 이상의 계좌를 개설하며 압도적 사용자 규모를 갖춘 카카오톡 메신저 플랫폼의 위용을 과시했다. 인기 비결은 7분 만에 만들 수 있는 비대면 계좌 개설 시스템과 공인인증서·OTP 없이 거래가 성사되는 편의성, 시중 은행보다 낮은 대출 금리 등이 꼽힌다. 물리적 제약으로부터의 자유 역시 이유 중 하나다.

그러나 아직은 인터넷 전문 은행이 시중 은행의 변화를 자극하는 메기 효과를 내기에는 역부족으로 보인다. 카카오뱅크 개설 계좌 가운데 67퍼센트는 잔액이 없는 '깡통 계좌'로 조사됐으며, 인터넷 신용 사회 구축으로 저금리와 고금리로 분리된 금융 시장을 개선하는 역할도 미미했다.

2017년 8월 시행된 3조 원의 대출 증가액 중 1조 원이 카카오뱅크를 통해 실현되었지만 이 중 89.3퍼센트가 여전히 고신용자를 위한 저금리 대출이었다.[50] 빅데이터를 통해 인터넷 신용 사회를 구축하고자 했던 신용 평가 모델이 사실상 존재하지 않았다는 것이 금융 당국의 설명이다.

카카오뱅크가 이런 소극적인 조치만 취할 수밖에 없는 나름의 속사정도 있다. 금융 자본과 산업 자본을 분리시키는 현행법상 ㈜카카오가 소유하고 있는 카카오뱅크 지분은 10퍼센트에 불과하다. 심지어 의결권은 4퍼센트에 묶여 있다. 막강한 산업 자본이 은행, 보험, 증권 등 금융 자본을 소유하지 못하도록 법적으로 막아 놓은 금산분리법 때문이다.

이 법은 대형 산업 자본들의 금융 기관 사금고화 원천 차단이라는 목적과 달리, 기존 금융권을 과도하게 보호하는 한편 금융과 기술이 융합되어야 하는 핀테크의 태생 자체를 거부하고 있다. 한국 핀테크 발전이 더딜 수밖에 없는 가장 큰 이유다.

중국의 대표적 인터넷 전문 은행 위뱅크와 마이뱅크는 모두 IT 산업 자본이 대주주다. 중국에는 금산분리법 자체가 없다. 한국의 카카오뱅크는 한국투자금융지주가 58퍼센트 지분을 소유하고 있다. 무늬만 민영 은행이지, 순수 인터넷 전문 은행이 아니다. 카카오뱅크는 여전히 기존 신용 정보 회사에서 제공되는 제한적인 신용 등급에 따라 대출을 시행할 뿐이다. 자사의 최대 강점인 카카오톡을 기반으로 신용 평가 모델을 개발하고 고객 수요층을 확보하려면 자본금을 확충하고 의결권을 늘려야 하지만 금산분리법은 물론 개인 정보 보호법도 앞을 가로막고 있다. 전례 없는 새로운 흐름에 제도가 발맞춰 따라가는 것은 물론 어려운 일이다. 기득권과 복잡한 이해관계가 상충하고 특히 산업 간 경계가 모호하다는 점에서 현행법을 어디부터 손봐야 할지 파악하는 것도 쉽지 않다.

작금의 문제는 오리지널 인터넷 전문 은행이 시작 자체를 하지 못한다는 점이다. 핀테크라는 아직 가보지 못한 길을 제대로 가려면 부작용에 대한 염려보다는 시장 원칙에 따라 기업들의 자율성을 강화해야 한다. 적어도 테스트와 검증 과정만이라도 거칠 수 있게 길을 열어 줘야 한다. 정부의 역할은 금융 시장 감독의 원칙을 지키면서 한국의 경쟁력 있는 IT 기업들이 핀테크 기업으로 성장하는 모습을 면밀히 관찰하고 지원하는 것이다. 그리고 그 속에서 시장이 왜곡되는 것을 찾아 바로잡아 주는 것이 컨트롤 타워로서의 정부 역할이다.

주

1 _ 〈The Pulse of Fintech〉,《KPMG》, 2016.

2 _ 〈모바일 전자결제 시장 기준〉,《Gartner》, 2016.

3 _ 〈2017年中国第三方移动支付行业研究报告〉,《iresearch》, 2017.

4 _ 〈US Mobile Payments Will More Than Triple By 2021〉,《Forrester Research》, 2017.

5 _ 〈中国数字化消费何以领先世界？〉,《中国经济信息网》, 2016. 12. 9.

6 _ 최덕수, 〈한국이 알리페이 글로벌 결제 1위된 이유?〉,《앱스토리 매거진》, 2016.

7 _ 〈2017-2022年中国P2P网贷行业市场前瞻与投资战略规划分析报告〉,《前瞻产业研究院》, 2017. 9.

8 _ McAuley, 〈An economic industry composed of companies that use technology to make financial systems more efficient〉,《Wharton FinTec club》, 2014.

9 _ 박재석, 〈핀테크와 금융 혁신〉,《정보통신정책연구원》, 2015.

10 _ S&TGPS, 〈핀테크와 금융 혁신〉,《한국인터넷진흥원》, 2015.

11 _ 李宏学, 〈我眼里的阿里巴巴〉,《山西新闻网》, 2016. 5. 22.

12 _ 陈鹏全, 〈腾讯,不仅仅是QQ:腾讯为什么成功〉,《广东经济出版社》, 2014. 9.

13 _ 구매자의 허위청구나 판매자의 위장판매로 인해 증발하는 자산의 비율

14 _ 高蓮丹, 〈핀테크 업계의 '유니콘'이 되다…앤트파이낸셜의 출해기(出海記)〉,《인민화보》, 2017. 6. 22.

15 _ 인터넷(internet)과 엔트러프러너(entrepreneur·기업가)의 합성어로 인터넷 창

업가를 지칭한다.

16 _ 〈2014天弘基金年度报告·톈홍펀드 연간보고서〉, 《天弘基金》, 2015.

17 _ 이광열 외, 〈중국 전자결제의 이노베이터, 알리페이〉, 《삼정KPMG경제연구원》, 2014.

18 _ 〈2014天弘基金年度报告·톈홍펀드 연간보고서〉, 《天弘基金》, 2015.

19 _ JP모건의 MMF는 주로 미국 정부가 발행하거나 보장한 채권에 투자한다.

20 _ 〈网商银行这两年做了哪些事儿？听听行长怎么说〉, 《天下网商》, 2017. 6. 26.

21 _ 中国银行业监督管理委员会·중국은행감독관리위원회.

22 _ 전 세계 인터넷 사상가와 혁신 프로젝트 그룹을 초청하는 중국의 크로스오버 혁신 플랫폼이다.

23 _ 안유화, 〈중국의 그림자 금융에 따른 위기와 기회〉, 《중국금융시장 포커스》, 2013.

24 _ 〈2018年第41次中国互联网络发展状况统计报告解读〉, 《CNNIC中国互联网络信息中心》, 2018.

25 _ 2018 위챗 오픈 클래스 프로·2018微信公开课PRO.

26 _ 노규성, 〈플랫폼이란 무엇인가〉, 《커뮤니케이션북스》, 2014.

27 _ 〈2018年1月APP沃指数：2017年12月APP活跃用户和流量排名〉, 《联通大数据》, 2018. 1.

28 _ 〈微信支付发起"无现金日"行动 8万商户参与〉, 《腾讯视频》, 2015. 8. 6.

29 _ 〈2017微信支付, 88无现金日火爆来袭, 更多优惠, 玩转八月〉, 《云支付》, 2017. 9. 8.

30 _ 〈2017智慧生活指数报告〉,《腾讯科技讯·中国人民大学重阳金融研究院》, 2017. 2. 4.

31 _ 〈2017春节红包大数据出炉：微信第一/QQ支付宝并肩〉,《环球网》, 2017.

32 _ 张晓琪, 〈微众银行成为国内首家获AA+评级的民营银行〉,《中国证券报·中证网》, 2017. 6. 16.

33 _ 朱文彬, 〈微众银行构建"A+B+C+D"金融科技创新战略〉,《中国证券报》, 2017. 6. 12.

34 _ 陈鹏全, 〈腾讯,不仅仅是QQ:腾讯为什么成功〉,《广东经济出版社》, 2014. 9.

35 _ 오광진, 〈中 금융과 인터넷 거인들의 동맹 확산…핀테크 열국지〉,《조선비즈》, 2017. 6. 28.

36 _ 배인선, 〈[차이나리포트]위뱅크·마이뱅크 주도 '민영은행 붐'…서민금융 '실핏줄'
역 톡톡히〉,《아주경제》, 2017. 7. 13.

37 _ 韩希宇, 〈2017年商业银行与互联网金融融合事件〉,《金融时报》, 2017. 12. 11.

38 _ 오광진, 같은 글, 2017. 6. 28.

39 _ 김동윤, 〈중국 '자금 블랙홀' 핀테크 규제한다〉,《한국경제》, 2017. 8. 11.

40 _ 오광진, 〈中 신용 사회 앞당기는 모바일결제…텐센트도 신용 평가 제공〉,《조선비
즈》, 2017. 8. 8.

41 _ '외국인투자통신기업관리규정'(外商投资電信企業管理规定)의 제6조에는 해외통
신기업이 중국에 진출하는 경우 중국내에서 운영하게 될 회사지분 소유범위를 49퍼센
트 내지 50퍼센트로 제한을 두고 있다. 이 규정은 해외기업이 중국시장에 진입시 반드시
로컬기업과의 제휴를 통하도록 한 자국기업 보호정책이라 할 수 있다. 이 규정의 제6조
의 원문은 다음과 같다. '第六条 经营基础电信业务(无线寻呼业务除外)的外商投资电信
企业的外方投资者在企业中的出资比例, 最终不得超过49/100. 经营增值电信业务(包括
基础电信业务中的无线寻呼业务)的外商投资电信企业的外方投资者在企业中的出资比

例, 最终不得超过50/100. 外商投资电信企业的中方投资者和外方投资者在不同时期的出资比例, 由国务院工业和信息化主管部门按照有关规定确定.'

42 _ WTO 가입 시 체결한 선결 조건에 따라, 2004년 중국은 해외 기업에 대해 도소매와 유통업으로 참여가 가능하도록 조정했지만 전자상거래 진입만큼은 허용하지 않았다.

43 _ Rongbing Liu, 〈The Role of Alipay in China〉, 《Radboud University》, 2015.

44 _ 안유화, 같은 글, 2017. 6. 19.

45 _ 彭海斌, 〈中国在金融科技领域投资大幅增长〉, 《第一财经日报》, 2017. 4. 20.

46 _ 高莲丹, 같은 글, 2017. 6. 22.

47 _ 이강봉, 〈중국, 4차 산업혁명에 몰입〉, 《The science times》, 2017.

48 _ 〈글로벌 결제 서비스 동향〉, 《정보통신기술진흥센터》, 주간기술동향 1817호, 2017.

49 _ 〈국내 핀테크 산업 규제 및 정책 방향 리뷰〉, 《삼정KPMG》, 2017.

50 _ 김재우 외, 〈카카오뱅크 돌풍에 따른 은행업 우려 - Reality check!〉, 《삼성증권》, 2017. 9.

북저널리즘 인사이드　　　고양이를 본떠
　　　　　　　　　　　　호랑이를 그리려면

10조 5000억 원. 삼성전자와 SK하이닉스가 납부할 2017년 법인세 추정치다. 2000년대 초반 세계 최초로 CDMA를 상용화한 정부의 선견지명은 당대 최고의 반도체 기업을 양성하는 밑거름이 됐다. 두 기업이 납부하는 법인세는 우리나라 전체 법인세수의 10퍼센트를 넘나든다. 글로벌 수요를 예측하고 지원한 당국과 장기적인 안목으로 꾸준히 투자한 기업이 어우러져 20년 먹거리가 마련될 수 있었다.

다음 세대 먹거리로 가장 각광받는 분야는 빅데이터다. "10년 후 세계 최대 자원은 석유가 아닌 데이터"라는 알리바바 마윈 회장의 말처럼 구글, 페이스북 등 세계 유수 기업들에게 빅데이터 활용법이 최대 화두다. 넷플릭스, 우버 등 유니콘 기업들은 최적화된 빅데이터 활용을 바탕으로 급성장했다.

빅데이터 활용이 가장 빛을 발하는 분야는 핀테크 산업이다. 핀테크로 수행하는 경제 활동 대부분은 곧바로 데이터가 된다. 이렇게 수집된 개개인의 결제 내역은 정보를 필요로 하는 기업과 개인에게 제공된다. 알리바바, 텐센트 등 중국의 핀테크 선두 기업들은 40조 개가 넘는 데이터들을 분석해 자사의 플랫폼 생태계를 구성하고 있는 개인과 기업에게 제공한다. 활용에 대한 고민은 정보 수용자들의 몫으로 맡겨 둔다. 지금 이 순간도 알리페이와 위챗페이는 데이터를 축적하고 있다.

핀테크에서 뒤처진다는 것은 단순히 특정 기업이나 특

정 산업의 부진에서 끝나는 것이 아니다. 국가의 미래 먹거리가 빈약해진다. 지난 반세기 동안 석유를 가진 국가들이 부유했듯이, 앞으로는 금융 정보를 가지고 활용하는 국가들이 부유해질 것이다.

중국이 핀테크 산업을 육성하는 방식은 명쾌했다. 관치 금융의 벽을 허물고 개혁의 밑그림을 민간에 맡겼다. 타당하다고 느껴지면 아낌없이 규제를 허물고 지원했다. 바탕에 정부의 꾸준한 연구가 있었음은 당연하다. 반면 한국 핀테크 기업들에게는 매 순간이 규제와의 싸움이다. 규제 극복에 시간과 노력을 투자하는 사이 경쟁자들은 앞서 나갔다. 일례로 인터넷 전문 은행 도입이 국내에서 처음 논의된 것은 2001년이었다. 상황이 이렇다 보니 국내 핀테크 관련 세미나마다 규제에 대한 아쉬움과 불만이 가득하다.

텐센트의 마화텅 회장은 "남들이 고양이를 보고 고양이를 그릴 때, 우리는 고양이를 본떠 호랑이를 그렸다"고 성공 비결을 은유적으로 밝혔다. 고양이 그림을 낙서로 보는 금융 당국이 한번쯤 곱씹어 보기 바란다.

허설 에디터